Emanuel Saß

RATGEBER PHOTOVOLTAIK

Band 9

Verkehrswert gebrauchter PV-Anlagen

Impressum

Herausgeber: Emanuel Saß
Layout & Satz: DTP-Studio DENZL, www.dtpd.com
Titelseitengestaltung: Achim Denzl
Titelfoto: © electriceye – Fotolia.com

Herstellung und Verlag:
BoD - Books on Demand, Norderstedt
ISBN 978-3-7528-7982-7

Inhaltsverzeichnis

1   Einleitung   **20**

EEG-Vergütung ist nicht Reingewinn

2   Bestandteile und Funktionsweise einer PV-Anlage   24

Auslegung der Wechselrichter | Kabelschaden und Betriebsverhalten | Garantieverlängerung für WR

3   Vorüberlegungen zur Wertermittlung   34

Absetzung für Abnutzung (AfA) | Bankbewertung ist nicht Marktwert | Das hat mehrere Gründe

4   Technische Beurteilung ist obligatorisch   44

Wert gebrauchter Komponenten und Zweitmarkt | A — Wertmindernd bei Modulen wirkt | B — Wertmindernd bei den Wechselrichtern wirkt | C — Wertmindernd durch Planungsfehler wirkt | Leverage-Effekt | Eigennutzung finanziert das Investment | Künftige Eigennutzung nicht bewertbar

5   Bezifferbare Werte einer gebrauchten PV-Anlage   52

Versicherungsschutz ist schützenswert

6   Betriebsausgaben 1 – Laufende Betriebskosten   57

7   **Betriebsausgaben 2 – Rückstellungen**   **64**

Auswirkung auf Ertragssteuern | Garantien für Wechselrichter |
Kosten für neue Wechselrichter | Die Rückstellungen für die
Demontage beinhalten | Schenkung | Ursachen für Wagnisse

8   **Wertermittlung und Nutzwertanalyse am Beispiel**   **74**

Berechnungsgrundlagen für die Barwertmethode | Nutzwertanalyse

9   **Fazit**   **89**

10   **Literaturverzeichnis und Quellenangaben**   **91**

Liebe Leserin, lieber Leser,

im **Ratgeber Photovoltaik** erfahren Sie:

- die Geschichte der (politischen) Photovoltaik und dass sich eine Solaranlage nach wie vor lohnt (Band 1)
- von den gesamten Photovoltaik-Vorüberlegungen (Band 1 und Band 2)
- von der Dachanalyse und geeigneten Hilfsmitteln bei der Standortermittlung (Band 2)
- wie Sie an einen geeigneten Installateur kommen (Band 2)
- von elektrotechnisch interessanten Hintergründen (Band 3)
- wie Sie die passenden Module finden (Band 4)
- Interessantes und Unentbehrliches zur Montage und Inbetriebnahme (Band 5)
- wie das Prozedere bei VNB und Bank abläuft (Band 6)
- Wissenswertes über Versicherungen und Steuerfragen (Band 6)
- Wichtiges in Rechtsfragen (Band 6)
- von den Aufgaben und Pflichten eines PV-Betreibers (Band 7)
- wie Sie einen erfolgreichen, langjährigen Betrieb Ihrer Anlage sicherstellen können und Ihren Sonnen-Ertrag optimieren (Band 7)
- vom Umgang mit Bestands- und Altanlagen (Band 7)
- viele Fragen und Antworten (FAQs) zur Photovoltaik (Band 8)
- Praxisberichte aus dem Gutachterwesen (Band 9)

Vielleicht ist zwischendrin beim Lesen eine Auffrischung Ihres Wissens mit dabei oder es löst sich das eine oder andere Vorurteil zu dieser regenerativen Technik auf. Das Thema Photovoltaik hat es absolut verdient, in einem positiven Licht dargestellt zu werden. Strom aus Sonne ist eine wirklich feine und notwendige Sache, natürlich auch im Sinne von „Not wendend"!

ZIELGRUPPE DIESER BUCHREIHE

Dieses Buch wendet sich vor allem an zukünftige und bereits aktive Solarbetreiber, die sich in die Anwendungen im laufenden Betrieb vertiefen wollen, wozu es größeren Überblick über die Zusammenhänge braucht. Es wendet sich an ökologisch interessierte Leser, und auch an (werdende) Monteure und Service-Personal, Handwerker (Elektriker und Zimmerer etc.) und Händler für Photovoltaik. Zudem wendet sich diese Buchreihe auch an alle anderen in diesem Bereich Tätigen: An Verpächter von Flächen, Banken und Versicherungen, Planer, Selbstbauer, Auszubildende (Berufsschulen), Architekten, Immobilienfachleute und auch an öffentliche Träger und Kommunen.

Ansprechen will ich hier auch Lehrer und Politiker, die Argumente für diese Form der Energieerzeugung brauchen und sich selbst weiter in die Materie vertiefen wollen.

KOMMUNEN

Nicht wenige Kommunen entdecken derzeit Photovoltaik als Einnahmequelle für ihre leeren Kassen, entweder mutig im Selbstbetrieb (eine Stadt nimmt nicht gern hohe Kredite auf und macht sich dadurch politisch angreifbar) oder durch Verpachten gemeindlicher Flächen. Einnahmen aus Gewerbesteuer durch den Betrieb größerer Solarparks sind in den kommunalen Verwaltungsgebieten zusätzlich erwünscht. Auch nach dem Jahr 2010 mit dem vorläufigen offiziellen Ende von PV-Freiflächen können weiterhin Investitionen auf öffentlichen Gebäuden und Flächen erfolgen.

AUFBAU DES RATGEBERS

Alle Kapitel des Ratgebers sind in mehrere Bände unterteilt und sie sind so gewählt, wie ein künftiger Betreiber aus meiner Sicht am besten an das Projekt „eigene PV-Anlage" herangeht. Das Inhaltsverzeichnis dieses Buches ist daher angelegt wie ein PV-Projekt-Pfad:

- Von den allgemeinen Vorüberlegungen und Entscheidungshilfen in Band 1 (Kap. 1 – 3)
- Planung und Dachansichten in Band 2 (Kap. 4 – 6)
- Über die aus meiner Sicht doch nötigen technischen Hintergrundinformationen in Band 3 (Kap. 7 – 9)
- Bis hin zu den PV-Komponenten in Band 4 (Kap. 10 – 13)
- Montage mit VNB und Inbetriebnahme in Band 5 (Kap. 14 – 17)
- Kaufmännische Aspekte in Band 6 (Kap. 18 – 23)
- Den Betreiberpflichten, Wartung und Optimierung in Band 7
- Zum Schluss finden sich viele Fragen und Antworten (FAQs) in Band 8

Im Verlauf eines eigenen Projekts werden diese Schritte mehr oder weniger intensiv zu betrachten sein. Die Kapitel folgen einer Chronologie und sie bauen aufeinander auf.

Im Band 1, Kapitel 3 habe ich meine eigenen Energie-Gedanken „laufen" lassen. Das sind allgemeine und persönliche Betrachtungen zu Energie, die mit Photovoltaik nicht direkt zu tun haben. Denn Energie ist für mich nicht nur Elektrizität und ihre Beschaffung/Verteilung, sondern mehr. Unser Metier unterliegt diesen politischen und praktischen Aspekten. Aber lesen Sie selbst.

Eine Auswahl an informativen Webseiten und Texten finden Sie vorher schon immer wieder in den entsprechenden Textpassagen, da das hier beschriebene Thema mittlerweile recht umfangreich ist und der rote Faden beim Blättern im Anhang vermutlich bald verloren ginge.

Um die wichtigen Zeilen als solche kenntlich zu machen, finden Sie **fett gedruckte Stellen** zu aus meiner Sicht relevanten Merksätzen und *grau/kursiv* hinterlegte Texte für Beispiele aus der Praxis.

EIGENE BEDÜRFNISLAGE

Beim Zusammentragen der hier vorliegenden Informationen wünschte ich mir zeitweise selber, ich hätte in meiner Anfangszeit darauf zurückgreifen können, zu Ausbildungszwecken oder zumindest für einen Gesamtüberblick. Am Anfang ist für PV-Einsteiger doch vieles Grauzone und eher Vermutung als Wissen, wobei aber doch niemand Fehler machen will. Es wird bereits an vielen Ecken eine Menge erzählt, was im Detail nicht immer ganz stimmt oder es werden oft Halbwahrheiten nachgeplappert, ohne einen ausreichend fundierten fachlichen Hintergrund mitzuliefern.

Dieses Buch ist u. a. entstanden, weil ich meine verschiedenen Erfahrungen zusammentragen wollte und ausführliche Berichte nach wie vor fehlen. Und nicht jede dabei gemachte Entdeckung diente meiner Beruhigung, manchmal eher dem Gegenteil. Speziell der juristische Aspekt bietet in der PV-Praxis leider viel Raum, um Fehler zu machen und Lehrgeld bezahlen zu müssen, angefangen bei schwammig bis gar nicht formulierten AGBs im Kaufvertrag bis hin zu nicht protokollierten Nebenabsprachen bei Verhandlungen (an die sich hinterher niemand so recht erinnern kann oder will) usw.

INTENTION

Mein generelles Augenmerk liegt auf umsichtiger (Nach)Planung der Anlagenkonfiguration, qualitätsorientiertem Einkauf auch bei nachträglichem Tausch von Komponenten, Optimierung der Anlagen nach einer gewissen Laufzeit unter allen technischen und kaufmännischen Gesichtspunkten und der Frage: *„Was passiert nach den Garantiezeiten der einzelnen Komponenten?"* und bezogen auf die Module: *„Was passiert noch während der Garantiezeit?"* (Band 4). Dies sind Aspekte, die über die Tilgung des PV-Kredites und manchmal auch über eine

Existenz entscheiden können und aus Erfahrung selten bis gar nicht Gegenstand einer PV-Beratung und Planung sind.

Ich halte es für wichtig, auf den folgenden Seiten so viele Aspekte wie möglich anzusprechen, als Sensibilisierung für das ganze umfangreiche PV-Thema. Ich will nur kurz erwähnen, dass etliche Buch-begleitende Texte und Fotos in meinem Fundus noch auf ihre Veröffentlichung warten.

Wer technisch tiefer einsteigen möchte, dem empfehle ich von der Deutschen Gesellschaft für Sonnenenergie e.V. (DGS) den Arbeitsordner „Photovoltaische Anlagen" als DAS Standardwerk, das die ganze PV-Thematik vor allem technisch exzellent und auf sehr hohem Niveau beschreibt (siehe im Anhang, er kostet rund 90 €).

KAPITELEINLEITUNGEN

An den Anfang eines jeden Kapitels habe ich einleitende Worte zum Kapitelinhalt gestellt und für wen das Kapitel besonders interessant sein kann.

ÜBERRASCHUNG?

Bei der Lektüre dieses Buches werden Sie feststellen, dass Sie manche hier aufgeführten technischen und betriebswirtschaftlichen Teilbereiche vielleicht anders eingeschätzt haben und auch von manchem Berater vor Ort so nicht zu hören bekommen, weil er es selber so (noch) nicht weiß, z.B.

- Das Ostdach (Morgendach) ist das eher PV-ertragsstärkere im Vergleich zur gleich ausgerichteten Westseite (Abenddach)
- Polykristalline Module erzielen mancherorts höhere Leistungen als monokristalline
- Jede PV-Anlage sollte geerdet werden
- Ein zweiter FI/RCD zusätzlich zur bestehenden Sicherung in den Wechselrichtern ist manchmal kontraproduktiv im PV-Stromkreis
- Eine GSM/LTE-Fernabfrage (Handy-Netz) ist bzgl. Betriebskosten günstiger im Vergleich zu einem neuen Telefonanschluss, trotz anfänglich höherer Anschaffungskosten für die Hardware
- Mit Banken und Versicherungen kann man auch verhandeln
- Versicherungen sollten nach wenigen Jahren auf mögliche günstigere Anbieter oder zumindest günstigere Prämien hin überprüft und gegebenenfalls gewechselt werden
- PV-Anlagen sind regelmäßig im Zuge der vorgeschriebenen Wiederholungsprüfung immer wieder neu zu protokollieren (siehe Band 7)
- Für Photovoltaik fließt kein Staatsgeld von Steuerzahlern (Band 1)
- Eine PV-Anlage ist ein elektrischer Betriebs"raum", der nur von einer Fachkraft betreten werden darf
- PV-Anlagen unterliegen bei Wartung und Messung der Vorschrift der Berufsgenossenschaft „Arbeiten unter Spannung (AuS)". Diese Befähigung sollte vom Service-Personal nachgewiesen werden können.

Über die Buchreihe

Folgend gebe ich eine kurze Anleitung für die richtige Anwendung der Buchserie „Ratgeber Photovoltaik".

01 — Die vorliegenden Bände sind ein praktischer Leitfaden und Ratgeber mit dem Fokus auf der Relevanz für Betreiber. Und so werden nicht alle Themen in der von manchem Leser gewünschten Tiefe erörtert, weil z. B. der ganze Paragrafendschungel, Steuer- und Rechtsaspekte und die Gesamtheit der zu beachtenden technischen DIN-Normen für die meisten PV-Betreiber nicht in dieser Fülle erheblich sind – als Laie kann so gut wie niemand nachprüfen, was der aktuellen juristischen Lage und den technischen Regeln entspricht. Dafür muss ein Betreiber qualifizierte Fachleute auswählen, an die er den PV-Auftrag vergibt und mit denen er zusammenarbeiten will. Diese wiederum kann man durchaus an der Fülle ihrer Fortbildungen erkennen, manchmal auch an den beruflichen Titeln und natürlich an der nachweisbaren (langjährigen) Erfahrung im PV-Geschäft. Wobei hier die Masse an „Lametta" definitiv nicht gleichzeitig Klasse bedeuten muss!

02 — Diese Buchreihe ist keine Formelsammlung und von daher kein elektrotechnisches Fachbuch. Es ist in der Summe ein Anwenderbuch. Deshalb finden Sie folgend keine detaillierten Formeln zu PV-Problemstellungen, die sich in der Praxis aus meiner Sicht nicht wirklich ergeben, sondern nur das Buch dicker (und teurer) machen

würden (z.B. obliegen elektrische Berechnungen für Sicherungen und Kabelquerschnitte etc. einer Elektrofachkraft, nicht dem Betreiber).

03 — Was ich mir hier regelrecht verkneifen muss, sind Kommentare zu aktuellen Berichten aus der PV-Szene. Vor allem die momentane Krisenstimmung (Jobabbau, Kurzarbeit, Stilllegung von Fabriken, rote Zahlen in PV-Konzernbilanzen) und Streitigkeiten unter den Herstellern (derzeit die weltweiten Argumentationen gegen die asiatischen Dumping-Anbieter), sowie Gerichtsprozesse wegen Betrügereien und Eitelkeiten (z.B. „Solar Millennium") haben nur eine kurze Haltbarkeit, bevor sie von frischen News abgelöst werden. Diese Themen bestimmen jedoch die öffentliche PV-Wahrnehmung. Das betrifft auch regelmäßige Querfeuer und seltsame Ideen aus politischen Lagern zur Eindämmung der Stromkosten nach dem Motto: „Wir sparen jeden Cent, koste es, was es wolle." Hier verweise ich auf den täglichen kostenlosen Newsletter von www.photon.de.

04 — In den Büchern findet sich sehr wenig über dezentrale Inselanlagen, weil sie noch nicht zum öffentlichen PV-Interesse beitragen und in der aktuellen medienwirksamen Diskussion um Einspeisevergütung, Stromtrassen etc. keine Rolle spielen. Die Komponenten sind annähernd die gleichen, außer dem Zubehör für den Netzanschluss und den Speichern.

05 — Ferner gibt es in dieser Auflage insgesamt zwar viele anschauliche Fotos und Checklisten, aber wenig grafische Darstellungen. Diese könnte man uferlos betreiben, z. B. Kennlinien zu jedem Sonnenstand und Modulverhalten in Anlehnung an verschiedene Wechselrichter-Modelle oder Charts zu jeder Sondertilgung des PV-Kredits samt Geldanlagen in unterschiedlich verzinste Finanzprodukte. Es würde nicht mehr enden und ein Interessent kann das am Anfang eines Projekts in all den Varianten selten allumfassend verstehen. Ein Betreiber will ja nur eine Solaranlage, keine ausgefeilte theoretische Doktorarbeit darüber mit variablen Details.

06 — Auf ein umfangreiches Schlagwortregister habe ich hier verzichtet. Das Buch lebt vom Fließtext und den Zusammenhängen in den einzelnen Kapiteln. Stattdessen gibt es als Inhaltsverzeichnis die Absatzüberschriften, mit denen Sie einzelne Themen schneller finden können.

07 — Der Ratgeber Photovoltaik ist keine Werbebroschüre: In diesem Buch finden Sie keine detaillierten Produktbeschreibungen. Dies ist meiner Meinung nach die Aufgabe von Testberichten in Fachzeitschriften, Verbrauchermessen und einschlägigen Werbematerialien. Die hier genannten Produkte stehen für die ganze Produktgattung und sollen weder die einen Hersteller besonders hervorheben, noch die nicht genannten im Wert schmälern.

Diese Buchreihe wird von niemandem gesponsert (außer vom Finanzamt).

08 — Fotos: Die meisten der hier abgedruckten Fotos stammen aus eigenem Fundus. Sie sind extra nicht geschönt und auf Hochglanz getrimmt - ich möchte mit ihnen vielmehr Szenen aus dem realen, oft nicht ganz perfekten PV-Betrieb zeigen. Deshalb sind nur wenige Werbe-Abbildungen von Herstellern oder Grafiken zu finden.

09 — Copyright: Mit großer Sorgfalt wurde auf die Wahrung von Urheberrechten geachtet. Sollte sich doch eine Verletzung diesbezüglich eingeschlichen haben, bitte ich an dieser Stelle um Entschuldigung und um Mitteilung unter buch@ratgeber-photovoltaik.com
Der folgende Text bedient sich – nach genauer Prüfung – meines Wissens nach keiner nicht kenntlich gemachten Fremdtexte und ist ausschließlich „powered by my brain".

10 — Die seit dem EEG 2012 ausufernde Bürokratie für PV-Betreiber und die neue Methode der Ausschreibung für größere Solarprojekte samt den aus meiner Sicht gelungenen Gemeinheiten in der EEG-Umlage erörtere ich in diesem Ratgeber nicht im Detail. Augenblicklich sind dies eher juristische Themen und die gesetzlichen Änderungen und Anpassungen, all die Ausnahmeregelungen etc. geschehen schneller als die Aktualisierung der Buchbände möglich wäre.

11 — Das Thema Speicher (Batterien, Gas, Kavernen) behandle ich in dieser Buchserie noch nicht. Der Markt dafür ist zu stark in Bewegung und das würde an der heutigen Stelle zu oft Korrekturen bzgl. Technik und Preisen nötig machen.

12 — Verweise zu weiterführenden Texten und Links sowie die Angaben im Anhang für einschlägige Schulungen und Literaturverzeichnis finden Sie auf der Homepage www.ratgeber-photovoltaik.com

> **Viele der gemachten Angaben entsprechen meinen eigenen Praxiserfahrungen, sie erheben aber nicht den Anspruch auf eine allgemeine Betreibersicht. Sie sind ohne Gewähr!**

Für die folgenden Seiten wünsche ich Ihnen nun ein anregendes Lesevergnügen.
Und noch eine kleine Anmerkung vorweg: Wer hier Rechtschreibfehler findet, darf sie gerne behalten. Nach Rücksprache mit dem Verlag (das bin ich) wird kein Finderlohn ausbezahlt.

Juni 2018
Emanuel Saß

Gutachten für Photovoltaikanlagen

ABKÜRZUNGSVERZEICHNIS

PV	Photovoltaik
WR	Wechselrichter
VNB	Verteilnetzbetreiber
EVU	Energieversorgungsunternehmen
AfA	Absetzung für Abnutzung, „Abschreibung"
FA	Finanzamt
IAB	Investitionsabzugsbetrag
FiBu	Finanzbuchhaltung
BaFin	Bundesanstalt für Finanzdienstleistungen
kWh	Kilowattstunden
EBT	Earning before taxes (Umsatzbetrachtung VOR Steuern)

1   Einleitung

1.1   Beschreibung des Problems

Im Zuge von Scheidungen, Todesfällen, Erbschaftsstreitigkeiten oder sonstigen Gründen für die Liquidierung vorhandenen Vermögens stellt sich für immer mehr Interessengruppen die Frage nach dem Verkehrswert von gebrauchten Photovoltaik-Anlagen (kurz PV-Anlagen).

EEG-VERGÜTUNG IST NICHT REINGEWINN

Landläufig wird gerne angenommen, dass die hochrechenbaren Einnahmen aus der EEG-Vergütung gleich-

Grafik 1

zeitig der in einer Wertermittlung anzusetzende Gewinn sei und die Betriebsausgaben im Verhältnis dazu vernachlässigbar gering erscheinen. Diese Sichtweise hält einer betriebswirtschaftlichen Wertermittlung nicht Stand, ein so falsch ermittelter Kaufpreis wird von Nachkäufern mit dieser fehlerhaften Prämisse nicht mehr erwirtschaftet.

Um den EEG-Umsatz zu generieren, sind im Zuge der Betriebsführung regelmäßige finanzielle Aufwendungen zu unternehmen, die von diesem Gesamtumsatz abgezogen werden müssen, wie ich im Folgenden erläutere.

Da wegen der komplexen technischen Betrachtung weder Steuerberater noch die Finanzämter bisher eine klare Vorgabe liefern, werden im vorliegenden Band technische und kaufmännische Aspekte dargestellt, die sich auf den Verkehrswert des Solarinvestments auswirken.

1.2　Umfrage zur Nachfrage von Wertermittlungen

Eine anonymisierte Umfrage, die für diese Publikation 2017 erstellt wurde, zeigt das aktuelle Nachfragevolumen für Wertermittlungen gebrauchter PV-Anlagen im Rahmen von Gutachten. Dafür wurden rund 50 Gutachter, Banken und Versicherungen in Deutschland befragt. Das Ergebnis zeigt, dass sich für 2016 und 2017 bereits 15% der Anfragen von PV-Betreibern an Sachverständige auf

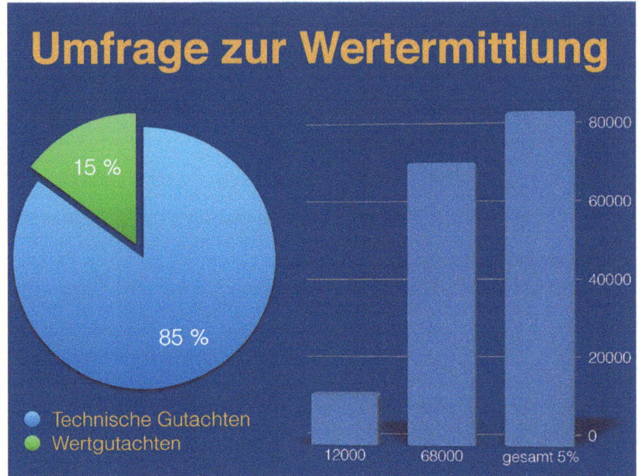

Grafik 1.2

Wertermittlungen beziehen. Die Tendenz ist laut den Befragten steigend.

1.3   Hintergrund zum deutschen Photovoltaik-Boom

Den seit dem Jahr 2000 weltweiten PV-Boom gäbe es in dieser Form ohne die Vorreiterrolle Deutschlands nicht. Nicht nur mit dem EEG als erstem Ökogesetz, sondern auch als Technologieführer hat Deutschland die Entwicklung von Photovoltaik international maßgeblich mitgeprägt. Namen wie das Fraunhofer ISE in Freiburg, SMA als Hersteller von Wechselrichtern in Kassel oder das Konsortium um Solarworld aus Freiberg als international bekannte Marke für Solarstrommodule prägen heute das mediale Bild der Photovoltaik. Zwischenzeitlich bot die solare Energienbranche Arbeitsplätze für 130.000 Beschäftigte (1). Vor diesem Hintergrund sind seit den 2000ern deutschlandweit über 1.600.000 PV-Anlagen mit einer Leistung von über 43 GWp errichtet worden (Stand 4/2018). Zum heutigen Stand beliefern rund 1.500 Hersteller den weltweiten Markt mit ca. 70.000 verschiedenen Typen von Solarmodulen und Wechselrichtern (2).

In Deutschland wird seit dem Jahr 2000 regenerative Energie aus Photovoltaik (Sonnenstrom) mit einer Einspeisevergütung gefördert. Dies geschah erstmals merklich mit dem „100.000 Dächer-Programm" bzw. dem ersten Erneuerbaren Energien Gesetz (EEG). Darin ist die Förderung in der Form geregelt, dass sie über den Strompreis vom regionalen Verteilnetzbetreiber (VNB - z.B. Bayernwerk AG oder Schleswig-Holstein-Netz AG) an die Betreiber ausbezahlt wird. Dies erfolgt entweder über eine Abschlagszahlung (Abrechnung des tatsächlichen Zählerstandes am Jahresende) oder über eine monatliche strichgenaue Abrechnung der VNBs mittels Fernauslese der Stromzähler. Dies ist jedoch abhängig vom Zählertyp und mit Messkosten verbunden.

2 Bestandteile und Funktionsweise einer PV-Anlage
(in vereinfachter, allgemeiner Darstellung)

Eine Photovoltaikanlage (kurz PV-Anlage oder Solarstromanlage) ist eine elektrische Anlage zur Energiegewinnung, die im Außenbereich errichtet wird. Man unterscheidet aktuell zwischen vier Anlagenformen: Aufdach-, Indach-, Freiflächen- und Inselanlagen („Off Grid").

> **Eine Solarstromanlage ist nicht zu verwechseln mit thermischen Solaranlagen, die zur solaren Warmwassererzeugung benutzt werden und technisch ein nicht vergleichbares System darstellen - obwohl allgemein oft der Begriff „Solaranlage" für beide Anlagentypen verwendet wird.**

Die Hauptbestandteile jeder PV-Anlage bilden die Solarmodule (auch Panels oder Kollektor genannt). In ihnen sind rechteckige dunkelfarbige Solarzellen (Halbleiter) angeordnet oder es ist ein aufgedampfter dünner Film mit Halbleiterelementen aufgebracht. Beide Arten können einen Anteil von derzeit ca. 10% bis 18% der uns umgebenden solaren Strahlungsenergie in elektrische Energie umwandeln, je nach Herstellungsverfahren.

Die prozentuale Lichtausbeute ist abhängig vom verwendeten Halbleiter im Modul: Es wird hauptsächlich zwischen kristallinen Modulen auf Siliziumbasis und Dünn-

schichttechnik mit auch anderen Halbleitern außer Silizium unterschieden (CIGS, CaTd, aSi). Das elektrische Ergebnis ist mit allen verwendeten photovoltaischen Materialien das gleiche: Die Erzeugung von Gleichspannung und -strom (DC – „direct current") mittels einer Lichtquelle.

Die Leistung von Modulen wird in kWp (sprich: kiloWatt peak) angegeben, was „Leistungsspitze" bedeutet. Dies ist der erreichbare Wert unter den festgelegten Testbedingungen „STC" (Standard Test Conditions, DIN 61215 u.a.). Je nach Abweichung von den STC-Werten ändert sich das Leistungsverhalten der ganzen Solaranlage: die angegebene Leistung eines Moduls wird erfasst

- **bei einer Temperatur von 25° Celsius**
- **der Einstrahlungsstärke von 1000 Watt**
- **und der Air Mass 1,5**

Die Air Mass von 1,5 stellt den Sonnenweg und seine Verluste in den deutschen Breitengrad dar.

Die solare Energieproduktion ist, wie in den Testbedingungen abgebildet, abhängig von der Lichtkraft der Sonne, dem Einfallwinkel der Sonnenstrahlen auf das Modulglas und die auf das Modul einwirkende Umgebungstemperatur. Die PV-Spannung (Volt DC) wird dabei stärker von der umgebenden Temperatur, die Stromstärke (Ampere DC) von der Lichtkraft der Sonne beeinflusst. Daraus resultieren die PV-Leistungsunterschiede in den Tages- und Jahreszeiten. So erzeugt z.B. eine niedrige Temperatur eine höhere PV-Spannung (und umgekehrt) und jegliche Verschattung wirkt sich negativ auf den PV-Strom aus.

Das Produkt aus PV-Spannung und –Strom ist die PV-Leistung in Kilowattstunden (kWh), die im EEG-Rahmen zu fixen Konditionen je nach Inbetriebnahmedatum unverändert für 20 Jahre plus Inbetriebnahmejahr vergütet wird.

Module werden bei der Montage auf dem Dach oder sonstigen Trägern mechanisch befestigt. Dies erfordert die statische Berechnung nach DIN 1055-4/-5, die Norm für die Schnee- und Windlastzonen.

Mittels geeigneter doppelt isolierter Kabel für Gleichstrom werden die Module elektrisch miteinander verbunden und bilden mit dieser Reihenschaltung einen Strang (String). Stromkabel führen den Gleichstrom aus den Modulsträngen zu einem Wechselrichter, der die solare Modulleistung (Gleichstrom) in netztauglichen Wechselstrom umformt.

Die Schnittstelle zum öffentlichen Stromnetz bildet ein geeichter Stromzähler, der die elektrische Arbeit in kWh aufzeichnet. Die Eichung ist bei kundeneigenem Zähler für den mechanischen Ferraris-Zähler alle 16 Jahre durchzuführen bzw. alle acht Jahre bei den elektronischen.

Betreiber von PV-Anlagen können ihren Solarstrom selber verbrauchen oder/und in das öffentliche Stromnetz zu fest geregelten Vergütungssätzen pro kWh einspeisen.

Das Erneuerbare-Energien-Gesetz regelt die Belange der geförderten PV-Anlagen:

- Die Stromabnahme durch den örtlichen Verteilnetzbetreiber (VNB)
- Die Übertragung und nationale Verteilung der solaren Energie
- Die Vergütung der eingespeisten solaren Kilowattstunden
- Rechtliche Aspekte bei Detailfragen, wie z.B. die Definition von „Dach"

Ein genereller Ansprechpartner in EEG-Angelegenheiten ist z.B. die „Clearingstelle" des Bundes.

www.clearingstelle-eeg-kwkg.de

2.1 Wechselrichter

Wechselrichter wandeln den Gleichstrom aus Solarmodulen in netztauglichen Wechselstrom (AC - alternating current) um. Sie ermöglichen somit die Einspeisung ins öffentliche Stromnetz und den Abtransport solarer Energie. Sie sind sowohl die Schnittstelle zu den Verteilnetzbetreibern wie auch für das Monitoring. Mit der „Systemstabilitätsverordnung (SysStabV von Mitte 2012)" mussten sie von außerhalb regelbar werden und heutige Geräte verfügen über die Fähigkeit, „Blindleistung" für die Netzstabilität zur Verfügung zu stellen. Seit 2012 sind die meisten Wechselrichter über Rundsteuerempfänger regulierbar und können der Auslastung des Netzes mittels Leistungsreduzierung angepasst werden.

AUSLEGUNG DER WECHSELRICHTER

Um Kosten einzusparen, wurde in der Vergangenheit bei der Berechnung und Auslegung von Wechselrichtern deren Leistung im Verhältnis zur Modulleistung (kWp) bis 15% geringer gewählt. Modulleistung und Wechselrichterleistung waren meist nicht identisch. Aus Erfahrung treten die Leistungsspitzen einer PV-Anlage wetterbedingt nur stundenweise im Jahr auf und diese wollte man nicht mit gleich großer Leistung auf Wechselrichterseite einsammeln – man hat zugunsten kleinerer und dadurch kostengünstigerer Wechselrichter auf das nur stundenweise erreichte Leistungsmaximum verzichtet. Heute ist aufgrund des großen Angebots an Wechselrichtern diese Sichtweise nicht mehr gegeben und es empfiehlt sich, die WR-Leistung beim Repowern an die Modulleistung anzupassen. Dadurch wird sich der Wirkungsgrad der PV-Anlage leicht erhöhen und dies hilft, die Kosten für das Neugerät schneller zu amortisieren.

KABELSCHADEN UND BETRIEBSVERHALTEN

Im Fall von Kabelschaden reagieren Wechselrichter bei intaktem Potentialausgleich („Funktionserdung") mit sofortigem Abschalten. Erst nach Reparatur lassen sich

Wechselrichter wieder auf das Stromnetz aufschalten und EEG-Umsatz generieren.

GARANTIEVERLÄNGERUNG FÜR WR

Eine Garantieverlängerung für Wechselrichter bleibt abzuwägen. Sie ist im Verhältnis zu einem Neugerät teuer und für diese Betriebsausgaben kann bereits eine Teilinvestition in Geräte neuer Bauart für den Zeitpunkt getätigt werden, an dem tatsächlich ein Altgerät ausfällt. Die heutigen WR-Serien sind besser im Wirkungsgrad, im Monitoring mit erweiterten Schnittstellen und in der Display-Anzeige als die vielen heute noch installierten alten. Aus Betreibersicht macht ein späterer Tausch in ein gleiches (veraltetes) Gerät keinen Sinn (dies steckt aber hinter der Garantieverlängerung), wenn mit einem etwas höheren finanziellen Aufwand als für die Garantieverlängerung Geräte neuester Generation erworben werden können.

2.2 Leistungsgarantie für Module in der Wertbetrachtung

Der Umstand der mit den Betriebsjahren zunehmenden Ausfälle von Anlagenteilen ist in einer Wertermittlung zu berücksichtigen, vor allem im Hinblick auf bereits erloschene Garantien von Herstellern und die Modul-Leistungsgarantie, die i.d.R. nach 10 Jahren eine weitere erniedrigte Stufe erreicht: vom Datenblatt inklusive der Toleranzen ausgehend gelten oft nur noch 80% garantierte elektrische Leistung für die installierten PV-Module. Deren Verlust muss ein Betreiber aufwändig nachweisen: die Beweislast liegt beim PV-Besitzer. Dies führt im Schadensfall aus Kostengründen nicht selten zum Verzicht auf Geltendmachung dieser Garantieansprüche: für einen erfolgreich argumentierten Garantieanspruch muss ein Betreiber als Beweis den Großteil der Module in ein anerkanntes Prüflabor zur Messung unter STC-Bedingungen einschicken, was ca. 6 Wochen Betriebsausfall durch Demontage der Module und Prüfkosten von ca. 50 € pro Modul bedeutet (Auskunft vom akkreditierten Institut TÜV Rheinland, Köln). Meßungen vor Ort mit einem mobilen Teststand (z.B. von MBJ) kosten pro Modul je nach Menge ab 15 € plus Rüstkosten. Ergebnisse der Aktion sind nicht zwingend bei Modulherstellern anerkannt und diese Methode muss vorab mit allen Beteiligten (Hersteller, Versicherung) abgesprochen sein. Zusätzlich sind im Vorfeld die Kosten für die (De-)Montage und den Transport zu tragen.

All dies stellt noch keinen Erfolg gegenüber dem Hersteller per se dar und auch bei einer bestätigten Leistungsminderung unter 80% sind die Garantieleistungen nicht klar definiert. Hersteller behalten sich vor, die Minderleistung monetär oder mit zusätzlichen Modulen auszugleichen, was die vorab entrichteten Aufwendungen für den Nachweis der Minderleistung nicht zwingend beinhaltet. Fehlen die regelmäßigen Prüfprotokolle aus DGUV Vorschrift 3 (Tabelle 2.1), kann die Vernachlässigung von Betreiberpflichten vorgehalten werden, was

Kulanzen und Garantieleistungen erlöschen lässt – wie vergleichsweise bei Schäden an PKWs, wenn diese nicht nach Herstellervorgaben gewartet werden („Scheckheftpflege").

Insgesamt sieht sich ein PV-Betreiber mit den Vorgaben des juristischen Begriffs der Mangelrüge konfrontiert und er darf bei vermuteten Mängeln am Produkt nicht ohne Mangelrüge weiter abwarten. Sollte sich ein technischer Schaden wegen Zögerns seitens des Betreibers vergrößern, sehen sich Verkäufer und vertraglich Verantwortliche wegen Verjährung nicht mehr zuständig (HGB § 377).

> **DGUV Vorschrift 3 §5 Prüfungen (aus www.dguv.de)**
> (1) Der Unternehmer hat dafür zu sorgen, dass die elektrischen Anlagen und Betriebsmittel auf ihren ordnungsgemäßen Zustand geprüft werden vor der ersten Inbetriebnahme und nach einer Änderung oder Instandsetzung vor der Wiederinbetriebnahme durch eine Elektrofachkraft oder unter Leitung und Aufsicht einer Elektrofachkraft und in bestimmten Zeitabständen.
> Die Fristen sind so zu bemessen, dass entstehende Mängel, mit denen gerechnet werden muss, rechtzeitig festgestellt werden.
> (2) Bei der Prüfung sind die sich hierauf beziehenden elektrotechnischen Regeln zu beachten.
> (3) Auf Verlangen der Berufsgenossenschaft ist ein Prüfbuch mit bestimmten Eintragungen zu führen.
> (4) Die Prüfung vor der ersten Inbetriebnahme nach Absatz 1 ist nicht erforderlich, wenn dem Unternehmer vom Hersteller oder Errichter bestätigt wird, dass die elektrischen Anlagen und Betriebsmittel den Bestimmungen dieser Unfallverhütungsvorschrift entsprechend beschaffen sind.

Text 2.1

HGB § 377

(1) Ist der Kauf für beide Teile ein Handelsgeschäft, so hat der Käufer die Ware unverzüglich nach der Ablieferung durch den Verkäufer, soweit dies nach ordnungsmäßigem Geschäftsgange tunlich ist, zu untersuchen und, wenn sich ein Mangel zeigt, dem Verkäufer unverzüglich Anzeige zu machen.

(2) Unterläßt der Käufer die Anzeige, so gilt die Ware als genehmigt, es sei denn, daß es sich um einen Mangel handelt, der bei der Untersuchung nicht erkennbar war.

(3) Zeigt sich später ein solcher Mangel, so muß die Anzeige unverzüglich nach der Entdeckung gemacht werden; anderenfalls gilt die Ware auch in Ansehung dieses Mangels als genehmigt.

(4) Zur Erhaltung der Rechte des Käufers genügt die rechtzeitige Absendung der Anzeige.

(5) Hat der Verkäufer den Mangel arglistig verschwiegen, so kann er sich auf diese Vorschriften nicht berufen.

Text 2.2

ALTERUNG – DEGRADATION

Technisch ist eine PV-Anlage bereits nach den ersten Wochen auf dem Dach an die Sonne angepasst (erste Degradation durch Alterung - lichtinduzierte Degradation „LID"). In Fachkreisen geht man von einer jährlichen altersbedingten Leistungsreduzierung von mindestens 0,3% aus, je nach Herstellerverfahren der Solarzellen/-module. Diese Degradation ist jedoch in den bisherigen EEG-Umsätzen und Jahresendrechnungen des VNB bereits abgebildet und nimmt für gebrauchte PV-Anlagen nicht in dem Maße zu, wie die PV-Hersteller ihrerseits von einer Leistungsminderung ausgehen (siehe die einzelnen Leistungsgarantien). Wenn Altmodule über Monate verstärkt degradieren, liegen weitreichendere

technische Probleme vor mit der Diagnose von Totalschaden für die betroffenen Module (z.B. „Low Power"
bei First Solar). Die Konsequenz ist ein kostenintensiver
Modultausch zur Aufrechterhaltung der EEG-Einnahmen für die Finanzierung.

Immer häufiger kommt es vor, dass die Leistungsgarantie
wegen Verjährung und Herstellerinsolvenz nicht mehr
eingeklagt werden kann und Defekte bzw. Leistungsminderung zu Lasten des Betreibers gehen.

3   Vorüberlegungen zur Wertermittlung

Beim Kauf/der Übernahme einer gebrauchten PV-Anlage sind neben den EEG-Einkünften aus eingespeister Sonnenenergie generell ALLE Betriebskosten und bewertbaren Risiken relevant, die ein (neuer) Betreiber bei Erwerb eines photovoltaischen Investments zu tragen hat. Auf der einen Seite mindert der PV-Verkauf für den Noch-Besitzer persönliche mit den Betriebsjahren steigende Risiken. Diese sind:

- Schäden an der Anlage mit hohem Aufwand für die Reparatur wegen Gerüsten und Zwischenlagerung
- Erschwerte Ersatzbeschaffung nicht mehr auf dem Markt verfügbarer Materialien
- Kostspielige Haftungsübernahmen, wenn Wartungsfirmen verpflichtet werden
- Zunehmende Einbußen in der Vergütung wegen alterungsbedingter Teilausfälle der Anlage und dadurch erschwerte Kapitaldienstfähigkeit
- Längere, unbemerkte Stillstandzeiten wegen nicht nachrüstbaren Monitorings
- Der Grenzsteuersatz für das Gesamteinkommen kann sich mit den PV-Einnahmen erhöhen

Auf der anderen Seite reduzieren diese Vorteile des Verkaufes den Anlagenwert für den Nachkäufer, denn die Risiken vor allem nach dem Ende von Gewährleistungs-

und Garantieansprüchen einzelner technischer Komponenten gehen mit der Veräußerung auf diesen über. Er kauft einen zunehmenden Reparaturaufwand und Wertminderungen mit ein.

3.1 Ursprünglicher Anschaffungspreis

Der aktuelle Darlehensbetrag bei der Bank (falls fremdfinanziert) bestimmt das Interesse eines PV-Verkäufers oft dahingehend, dass mindestens dieser mit der Veräußerung gedeckt werden soll. Trotzdem können die Anschaffungskosten einer PV-Anlage aus wertermittelnder Sicht nach mehreren Betriebsjahren nicht mehr für zu bezahlende Summen für Anteile und Ablösen etc. herangezogen werden. Was die PV-Anlage anfangs gekostet hat, spielt in einer Wertbetrachtung so gut wie keine Rolle, denn: Die Anlage ist seit mehreren Jahren mit der EEG-Vergütung und möglichen Steuervorteilen aus der Absetzung (AfA) sowie etwaigen Gewinnen aus der solaren Stromproduktion in der Einkommen-/Körperschaftssteuererklärung des Betreibers in der Amortisationsphase. Der Kaufpreis hat sich durch diese Einnahmen beziehungsweise Steuerersparnisse bereits relativiert.

ABSETZUNG FÜR ABNUTZUNG (AFA)

Der ursprüngliche Anschaffungspreis wirkt sich nur aus, weil er die jährliche steuerliche AfA, somit den Buchwert und die Kreditlaufzeit mit den Zinsen bestimmt. Diese Zinsen spielen wiederum als Betriebsausgaben eine Rolle, die über die EEG-Vergütung generiert werden sollen (Punkt 5.1.1).

3.2 Aktueller Neupreis von PV-Anlagen

In der Wertermittlung ist der aktuelle Neupreis einer vergleichbaren Anlage zu beachten, der aufgrund der gesunkenen Preise für Komponenten nur noch rund 20-25% des ursprünglichen Anschaffungspreises beträgt (je nach Inbetriebnahmejahr und den jeweiligen Marktpreisen): Der Preis der Altanlage muss mit dem Wert einer heutigen Neuanschaffung ins Verhältnis gesetzt werden: Erstere kann nicht höher bewertet werden als ein neues System mit besseren und ausgereiften Komponenten inkl. „frischer" Garantien. Eine Altanlage konkurriert mit der deutlich größeren Betriebssicherheit und höheren Ertragsstärke einer Neuanlage (durch minimale Toleranzen und ausgereifte Bauteile).

OPPORTUNITÄTSKOSTEN

Diese Betrachtung zielt auf die Opportunitätskosten: kann ein Investor sein Kapital statt in eine Gebrauchtanlage in ein neues PV-System anlegen? Die Einspeisevergütung für Neuanlagen ist zwar in gleichen Werten wie die Anschaffungskosten gesunken, doch gibt es heute attraktive Modelle zur Amortisation von neuen PV-Anlagen: „Selbstverbrauch", „Börsenhandel" und „Mieterstrom", um nur einige zu nennen, die für Altanlagen in dieser Weise nicht gelten. Diese aktuellen Modelle helfen, das Investment in eine neue Anlage schneller und mit weniger technischen Risiken behaftet in die Gewinnzone zu führen. Sie sind daher gegen die Übernahme einer Altanlage mit ihrer dafür höherer Einspeisevergütung abzuwägen.

Anlagen aus den Errichtungsjahren vor 2011 verschleiern im Buchwert wegen der damals möglichen (überdurchschnittlichen) degressiven Abschreibung den heutigen Restwert im besonderen Maß.

3.3   Buchwert AfA contra Verkehrswert

Die Dauer der AfA beträgt für EEG-Photovoltaik 20 Jahre und wird von der Finanzbehörde vorgegeben. Der Zeitraum ist an die 20-jährige EEG-Vergütung angelehnt und entspricht auch den technischen Langzeiterfahrungen mit PV-Systemen. Somit beträgt die AfA für den (überwiegenden) Teil der deutschen Solaranlagen 5% von den Anschaffungskosten (netto).

Nicht wenige Anlagen der Vergangenheit fallen jedoch in die degressive Abschreibung. Diese erlaubt eine für die ersten Betriebsjahre höhere steuerwirksame Ausgabe als bei der linearen Degression, die über 20 Jahre lang 5% der Anschscaffungskosten beträgt. Die degressive AfA-betrug bis zum 2,5-fachen der linearen und war bei rund 20% der Anschaffungskosten gedeckelt. Diese Regel betrifft PV-Investments in den Boomjahren von 2000 bis Ende 2010, mit Ausnahme von 2008, als die degressive

AfA ausgesetzt war. Seit Anfang 2011 bis heute ist sie ebenso nicht anwendbar.

Den heutigen aus der Buchhaltung entnommenen AfA-Wert der PV-Wertermittlung zugrunde zu legen (Buchwert), ist daher nicht gerechtfertigt. Vor allem bei der degressiven Abschreibung wurden steuerliche Vorteile in der Vergangenheit bereits in hohem Maß gewinn- und steuermindernd ausgeschöpft (zusätzlich zum IAB von bis 40% und zur Sonder-AfA mit weiteren 20% – die steuerlichen Vorteile konnten bis über 70% des Kaufpreises betragen), die in der Zukunft zum steuerlichen Nachteil für einen Nachkäufer werden: er erhält zunehmend geringere gewinnmindernde Abschreibung und folglich höheren zu versteuernden Gewinn aus dem PV-Gewerbebetrieb. Zudem beträgt nach 20 Betriebsjahren der buchhalterische AfA-Wert 1 € (Erinnerungswert), obwohl die Anlage noch einen monetären Nutzen durch selbstgenutzten Solarstrom, Handel an der Strombörse oder Verkauf der Komponenten generieren kann (siehe unter Punkt 7.5).

> **Der Buchwert ist nicht identisch mit dem Verkehrswert und wegen seiner beinhalteten steuerlichen Wirkung in der Vergangenheit kann er nicht als Restwert der Anlage herangezogen werden.**

Aus diesem Grund sind unter Punkt 4 und 5 der tatsächliche Wert der Abnutzung durch Ersatzinvestitionen und Rückstellungen aus Sicht der Betriebsführung aufgeschlüsselt. Es handelt sich dort um die Betrachtung im Detail.

BANKBEWERTUNG IST NICHT MARKTWERT

Banken verwenden bei Anschlussfinanzierungen (nach 10 Finanzierungsjahren oder Bankwechsel) das Argument des Niedrigstwertprinzips und Auflagen der BaFin (3), um den (niedrigen) Buchwert als Bemeßungsgrundlage zugrunde legen zu können. Demnach ist dieser niedrigste nachweisbare Wert für ein Anlagevermögen die Basis jeglicher Kreditbetrachtung. Die somit immer gegebene Differenz zum Kaufpreis wird als zusätzliche Sicherheit oder Eigenkapital gefordert, was jedoch nicht den Verkehrswert widerspiegelt.

Die Differenz von Buchwert zu Kaufpreis ist der zu versteuernde Gewinn. Daher ist auch im Jahr der Veräußerung einer PV-Anlage der AfA-Wert nicht zu berücksichtigen, weil er mit der Steuerschuld aus Veräußerungsgewinn ins Verhältnis gesetzt werden muss. Mit der höheren Steuerlast im Jahr der Veräußerung relativieren sich mögliche Vorteile aus der vorangegangenen AfA.

Der Wert einer PV-Anlage soll den marktüblichen Preisen entsprechen.

3.4   Verkehrswertermittlung mittels Barwertmethode

Der Gesamtumsatz aus EEG-Vergütung und die Betriebsausgaben innerhalb von 20 Betriebsjahren können mit schon vorliegenden Abrechnungen hochgerechnet werden. Ein vereinbarter Kaufpreis muss jedoch zinsbereinigt erfolgen. Dies geschieht über die Barwert-/Endwertmethode als eine mögliche Berechnungsart innerhalb der sogenannten Kapitalwertmethoden.

Beispiel:
Der Nachkäufer bezahlt einen Betrag X, den die Anlage aber noch nicht erwirtschaftet hat. Er muss somit vorfinanziert werden in der Hoffnung, dass der hochgerechnete EEG-Umsatz bis zum Ende auch eingenommen wird, das Wetter und die Komponenten wohlgesonnen bleiben.

Die Auszahlung von PV-Beteiligung bzw. die Übernahme einer Altanlage ist eine Wette auf die Zukunft (Wetterverhältnisse, technische Stabilität, politische Rahmenbedingungen des EEG, Fiskalpolitik) und ist als Spekulation mit Risiken behaftet. Da der Kaufpreis heute nicht aus dem PV-Konto entnommen werden kann (er ist noch nicht erwirtschaftet), muss der neue Besitzer (theoretisch) einen Kredit zu banküblichen Kreditzinsen für diese Aktion aufnehmen – entweder bei sich selber

(Einbringen von Eigenkapital mit kalkulatorischen Zinsen zum Abschätzen von Opportunitätskosten) oder bei einer Bank mit dann fällig werdenden Bankzinsen.

3.5   Nutzwertanalyse

Neben der reinen wertmäßigen Betrachtung in Euro (z.B. in einer Kapitalwertberechnung) können auch ideelle, nichtmonetäre Gründe den Wert eines PV-Investments und die Entscheidung dafür mitbestimmen. Sie festzulegen erfordert eine sogenannte Nutzwertanalyse oder „Matrix". Diese ist subjektiv und unterliegt keinen objektiven Kriterien, sie folgt den persönlichen Vorgaben und dem Wertesystem des Interessenten. Die Aufschlüsselung individueller Gesichtspunkte beginnt mit Ausschlusskriterien (beispielhaft in Punkt 8.5). Dabei gilt es, Vor- und Nachteile für den Betrachter in eine stimmige Gewichtung zu bringen, um eine Entscheidungsgrundlage zu schaffen.

3.6   Verkaufspreis und Finanzamt

Sofern sich die beteiligten Parteien, die ein PV-Investment veräußern bzw. übernehmen wollen, hinsichtlich des Kaufpreises einigen, gilt ihre Vereinbarung im Kaufvertrag (4) – außer die Finanzbehörde sieht Ungereimtheiten in der zugrunde gelegten Wertermittlung (z.B. „Schenkung" oder „Insolvenzverschleierung"). Diese können dann eine Steuerschuld oder gar ein Strafverfahren nach sich ziehen.

Es empfiehlt sich, das Ergebnis einer Wertermittlung im Hinblick auf fiskale Konsequenzen mit einem Steuerberater zu besprechen!

3.7   Verkaufsstrategie und Anlagenwert

Wenn eine PV-Anlage ohne Zeitdruck auf dem Investorenmarkt angeboten und mit gezielter Werbung verkauft werden kann (z.B. über das Portal „milk the sun") (5), sind durchaus höhere Preise für gebrauchte Systeme zu erzielen als das Ergebnis in einer Wertermittlung ausweist.

DAS HAT MEHRERE GRÜNDE

- Investoren in Photovoltaik haben neben dem hochgerechneten Umsatz aus EEG-Vergütung (Punkt 5.1) eben weitere Motive für die Übernahme von gebrauchten PV-Anlagen, z.B. die AfA aus betrieblich genutzter Photovoltaik, die sich auf deren andere Betriebseinnahmen gewinnmindernd und dadurch monetär förderlich auswirkt (z.B. in einer Holding-Struktur mit körperschaftlicher Organschaft u.a.).
- Auch die Abschöpfung von vorhandener Liquidität hinein in das neue PV-Investment, für die es auf dem Geldmarkt so gut wie keine Zinsen bis hin zu Negativzinsen gibt, schafft derzeit einen großen Anreiz für

Investitionen in gebrauchte Ökoenergieanlagen. Liquiditäten stammen aus fälligen Lebensversicherungen, zuteilungsreifen Bausparguthaben und Ablösebeträgen aus beruflicher Kündigung usw.

- Eine gute Bankbonität (Zinsen von heute unter 2%) kann für einen Investor ein weiterer Anreiz für höhere Preise in gebrauchte PV-Investitionen begründen: die niedrigen Zinsen machen bankfinanzierte Investitionen interessant.

WERTINSTABILER ALS ERWARTET

Andererseits kann für eine gebrauchte PV-Anlage auch ein niedrigerer Preis als in einer Wertermittlung errechnet erzielt werden, wenn ein Betreiber gezwungen ist, seine Anlage rasch verkaufen zu müssen. Dies ist der Fall z.B. bei Zwangsversteigerung wegen mangelnder Kapitaldienstfähigkeit oder Insolvenz. Den Erlös aus der Veräußerung kann er an dieser Stelle nicht entscheidend mit beeinflussen.

4 Technische Beurteilung ist obligatorisch

Eine Wertermittlung ist ohne Prüfung des technischen Zustands der Anlage nicht anzufertigen, sie ist Bestandteil und Basis der Verkehrswertberechnung.

Folgend sind allgemeine Aspekte aufgeführt, die die Betrachtung des technischen Gesamtzustands beeinflussen.

4.1 Ertüchtigen von PV-Anlagen („Repowern")

Unter Repowern versteht man den Austausch von alten PV-Anlagenteilen gegen neue Komponenten. Dies kann nötig werden wegen defekter Anlagenteile und/oder Planungs- und Ausführungsfehlern.

MELDEPFLICHTEN

Es ist dabei darauf zu achten, den Umbau beim zuständigen VNB, der finanzierenden Bank und der Versicherung mit Nennung der neuen Komponenten „Module" und/oder „Wechselrichter" schriftlich anzuzeigen und in jedem Fall die ursprünglich beantragte Anlagenleistung des Inbetriebnahmejahres nicht zu überschreiten. Wird diese Anzeigepflicht versäumt, erwächst daraus u.a. das Risiko eines nicht existenten Versicherungsschutzes (wegen nicht genannter neuer Komponenten und deren fehlende Risikoeinschätzung). Zudem kann die mit Inbetriebnahme fixierte EEG-Vergütung erlöschen und durch die Reparatur unwillentlich eine PV-Neuanlage mit den dann gültigen neuen, niedrigeren EEG-Vergütungen geschaffen worden sein. Die Kapitalrückführung ist dann in Gefahr.

WERT VON GEBRAUCHTTEILEN UND ZWEITMARKT

Es wird zum Zeitpunkt des Verkaufes einzelner repowerter Anlagenkomponenten eine wesentliche Rolle spielen, wie sehr die angebotenen gebrauchten Komponenten, allen voran die Module und Wechselrichter, auf dem solaren Zweitmarkt nachgefragt sind. Sollte dies in einem Zeitrahmen von allgemeinen deutschlandweiten Sturmschäden passieren, kann dieser Teil des PV-Markts durch ein Überangebot an betagten PV-Komponenten gesättigt sein, was die im Folgenden ermittelten Werte weiter mindert.

A — WERTMINDERND BEI MODULEN WIRKT

- die Verjährung der Gewährleistungen und Garantien (z.B. die erloschene Produktgarantie)
- Verfall der ersten meist 10-jährigen Leistungsgarantie
- Alterung der Materialien durch Witterung (material-schwächende UV-Einflüsse)
- herstellerbedingte große elektrische Toleranzen in den Komponenten
- Abnutzung durch Wind/Schneegewichte wie z.B. Micro-Cracks und Zellbrüche etc.

- falsche Montage (Spannungsschäden in Modulglasscheiben)
- Wassereinschlüsse durch mängelbehaftete Fertigung
- organische und anorganische Verunreinigung auf der Glasscheibe (Ruß, Blütenstaub, Vogelkot und Staub)

B — WERTMINDERND BEI DEN WECHSELRICHTERN WIRKT

- erloschene Garantien und Herstellerinsolvenz
- geringerer Wirkungsgrad als bei Neugeräten (höhere Umwandlungsverluste)
- Alterung durch kontinuierliche elektrische Nennbelastung, dadurch geschieht z.B. die Austrocknung der intern verbauten Kondensatoren
- fehlende oder veraltete Schnittstellen zur technischen Überwachung (fehlendes Monitoring)
- zu geringe Toleranzen gegenüber Netzschwankungen und dadurch außertourliche häufige und ohne Monitoring (Datenlogger) unbemerkte Abschaltung der Geräte im Tagesbetrieb, „50,2 Herz-Problematik"
- wegen neuer technischer Vorgaben von VDE-Normen sind Altgeräte vor 2011 nicht mehr verwendbar für Neuanlagen, sie können nur in Bestandsanlagen vor 2011 eingesetzt werden (6).

C — WERTMINDERND DURCH PLANUNGSFEHLER WIRKT

- unberücksichtigte oder unterschätzte Verschattung (von den eigenen Dächern und durch angrenzende Grundstücke)

- nicht optimale Verlegung der Kabel auf dem Dach (Kabeldurchscheuern, Isolationsfehler mit Effekt von Lebensgefahr)
- unerfahrene Auslegung der Wechselrichter (das Maximum der Geräte wird selten erreicht)
- Statik nach DIN 1055/-4,-5 ohne Einzelnachweis für das Objekt

LEVERAGE-EFFEKT

Wird das Repowern einer Anlage aus Sicht der Werterhaltung erwogen, gilt die Prämisse, dass die Maßnahme einen finanziell positiven Leverage-Effekt erzielen soll (Hebelwirkung über den Zins auf das eingesetzte Eigenkapital). Mit den ausgetauschten Komponenten soll mehr EEG-Umsatz generiert werden als mit den ersetzten. Dafür ist eine Standortanalyse über die Sonneneinstrahlung anzufertigen und die negative Abweichung davon zu den bisherigen Komponenten muss bekannt sein. Zusätzlich soll sich die neue Investition bis zum Ende der ursprünglichen EEG-Vertragslaufzeit amortisieren. Ein positiver Leverage-Effekt tritt demnach dann ein, wenn die Energieproduktion mit den repowerten Komponenten mindestens die Mehrkosten des Austausches anteilig pro Jahr erwirtschaftet – für die Restlaufzeit.

4.2 Betriebssicherheit – Service und Wartung

Der Verkaufswert einer PV-Anlage hängt auch von ihrem Wartungszustand ab, denn jedes solare System unterliegt physikalisch bedingt Anfälligkeiten. Ein wartungsfreier Betrieb wird zwar oft von Händlern und Installateuren werbedienlich angepriesen, doch dies entspricht nicht der Erfahrung aus technischer Sicht.

- Speziell die Wechselrichter sind in Bezug auf Häufigkeit von Defekten zu nennen. Diese können zur Minderung bis hin zum (vorübergehenden) Totalausfall der Einspeiseleistung aus verschiedenen Gründen führen.
- Aber auch Schäden in Modulen können die Vergütung reduzieren oder ausfallen lassen (Punkt 4.1 A-C).
- Ebenso können statische Probleme durch nicht tragende Unterkonstruktionen und folglich Dachbeschädigungen die Anlage vom Netz trennen.
- Oder es treten Kabelschäden durch Nagetierverbiss auf bzw. mangelhafte Stecker legen die PV-Anlage und ihre Vergütung durch technische Isolationsfehler still.

Dies bedeutet in allen Fällen geminderte oder keine EEG-Einspeisevergütung wegen Betriebsunterbrechungen. Um diese technischen, teils schleichenden Gründe für die Degradation und den Wertverlust zu erkennen, ist eine regelmäßige technische Überprüfung nicht nur sinnvoll (Aufrechterhaltung der Einspeisevergütung), sondern von der Berufsgenossenschaft (BG) in der Vorschrift „DGUV Vorschrift 3, §5" auch empfohlen (Text 2.1). Den Vorgaben zur Schadensvermeidung schließen sich bereits Versicherungsgesellschaften an und verweigern je nach Schadensfall Leistungen – ein Betreiber als Versicherungsnehmer ist zur Schadensvermeidung oder zumindest Minimierung des

Schadens verpflichtet (7). Bei fehlendem Prüfnachweis können im Schadensfall je nach Versicherungsgesellschaft (Teil-)Leistungen erlöschen.

Die Zeitabstände dieser Wiederholungsprüfung sind bislang nicht konkret fixiert. Es handelt sich hierbei auch nicht um eine gesetzliche Regelung wie z.B. der PKW-TÜV. Es erlöscht bisher keine Betriebserlaubnis, wenn diese Prüfung nicht erfolgt. Aber PV-Versicherer verweisen auf technische Normen, um den PV-Betrieb sicher zu halten. Diese Auflage wird mit den Wiederholungsprüfungen erfüllt (8). Wenn ein Schaden billigend in Kauf genommen wird, können gegenüber Herstellern und Lieferanten durchaus Garantien vorzeitig verjähren und Kulanzbereitschaften erlöschen. Die Maßnahme der Wiederholungsprüfung dient also der „Scheckheftpflege" und erhöht die Betriebssicherheit und den Wiederverkaufswert.

Im Hinblick auf die Intervalle für diese Überprüfung spricht der Branchenverband Deutsche Gesellschaft für Sonnenenergie e.V. (DGS) von
- jährlich (PV-Anlage mit gewerbsmäßiger Gewinnerzielungsabsicht, bei vielen PV-Besitzern vermutlich der Fall)
- oder bis **spätestens** 4-jährig (Anlagen überwiegend für die private Nutzung und für Eigenverbrauch)
- empfohlen ist ein Mittelwert dieser Prüfung von einmal alle 2 Jahre und dies obliegt einer individuellen Einschätzung (Schadensbeurteilung)

4.3   Versicherungsschutz

Für Versicherungsgesellschaften (Anbieter von Elektronik- und Betriebshaftpflichtversicherung) gilt eine PV-Anlage ab dem 6. Betriebsjahr als Altanlage, die mit Prämienerhöhung und hohen Auflagen bei Versicherungswechsel belegt wird. Falls ein Betreiber seinen Anbieter wechseln (muss), wirkt sich das wertmindernd auf seinen PV-Betrieb und den ermittelten Wert unter Punkt 5.1 aus. Ab diesem Zeitpunkt sind in einer Wertermittlung höhere Betriebsausgaben für die Versicherung einzurechnen.

4.4   Eigennutzung, Verkauf oder Rückbau nach der Laufzeit

Seit dem EEG 2009 und 2012 ist die Möglichkeit der Selbstversorgung mit Solarstrom im Gesetz verankert. Auch Besitzer von PV-Anlagen mit Inbetriebnahme bis Ende 2008 sollen später, nach Ablauf des EEG-Rahmens, den Sonnenstrom selber verbrauchen. Vorher ist dies für Altanlagen nicht ratsam, da die Einspeisevergütung vor 2009 den heutigen Strombezugspreis noch deutlich übersteigt und die Amortisation/Rendite bestimmt. Die Volleinspeisung ist für betreffende Anlagen das aktuell sinnvollste wirtschaftliche Handeln heute.

EIGENNUTZUNG FINANZIERT DAS INVESTMENT

Der finanzielle Wert der solaren Eigennutzung hängt an der Entwicklung der Strompreise. Die Entgelte für die Energieversorger können steigen (durch politisch motivierte Gründe wie die Erweiterung des nationalen Netzausbaus, weitere Abgaben wie die Stromsteuer „EEG-Umlage", Durchleitungsgebühren und Erfahrungen der letzten Jahrzehnte), aber auch sinken, wenn ab 2021 (dem Ende der ersten geförderten PV-Anlagen) immer mehr Bioenergie-Anlagen keine EEG-Förderung mehr erhalten und aus intakten Altanlagen dann günstiger Strom ins öffentliche Stromnetz gespeist wird.

> **Fakt bleibt trotz der Unkalkulierbarkeit heute, dass eine PV-Anlage auch nach 20 EEG-Jahren noch einen Wert durch solare Selbstversorgung oder ihren Verkauf u.a. erwirtschaften kann.**

KÜNFTIGE EIGENNUTZUNG NICHT BEWERTBAR

Den unter dem Aspekt der Selbstversorgung geschätzten Anlagenwert heute in die Bewertung aufzunehmen setzt voraus, dass ein Betreiber ein Haus samt Solaranlage besitzt und die Anlage soweit funktionstüchtig ist, dass er vom Sonnenstrom auch partizipieren kann. Für gemietete Dächer auf fremden Grundstücken kann diese Betrachtung nur begrenzt angewendet werden. Es braucht dann ein Mieterstrommodel. In jedem Fall ist der Aspekt der Eigennutzung zu weit in die Zukunft gegriffen und ist daher aus der augenblicklichen reinen Wertermittlung auszuklammern.

5   Bezifferbare Werte einer gebrauchten PV-Anlage

Ich unterscheide die bezifferbaren Werte einer gebrauchten PV-Anlage in drei Kategorien:

5.1   Umsatz aus EEG-Vergütung

Die EEG-Vergütung is fixiert und ändert sich nach der Inbetriebnahme der Anlage nicht mehr. Sie bleibt für 20 Betriebsjahre plus das Inbetriebnahmejahr gleich. Schlechte Sonnenjahre sind zum Nachteil des neuen PV-Betreibers, gute zu seinem Vorteil: Das Wetter erlebte deutschlandweit z.B. speziell 2010 und 2013 eine relativ schwache Sonneneinstrahlung im Vergleich zu den Jahren 2011 und 2015. Die EEG-Einnahmen sind demnach jährlich unterschiedlich, auch zukünftig (9).

5.1.1   Minderung in einer Wetter-Pauschale

Mit dem Mittelwert der bisherigen Jahresabrechnungen des VNB lässt sich die Zukunft der Einspeisung hochrechnen. Er wird dennoch mit einem pauschalen Abschlag von 5% versehen, um künftige Wetterschwankungen abzubilden (zunehmende Wetteranomalien).

5.1.2 Minderung für Moduldefekte

Für UV-Alterung und Leistungsdegradation sowie einzelne mögliche Moduldefekte ist es gerechtfertigt, einen zusätzlichen Minderungswert von 1,5% bis 3% pro Restjahr der EEG-Laufzeit anzusetzen: der Selbstbehalt bei jedem einzelnen Versicherungsschaden beträgt in der Regel mindestens 150 €. Ein Modultausch kostet mit einem Ersatzmodul heute rund 200 €. Die Beteiligung der Versicherung beträgt in diesem Beispiel lediglich rund 50 € (die Differenz zum Selbstbehalt).

VERSICHERUNGSSCHUTZ IST SCHÜTZENSWERT

Das Einbeziehen der Elektronikversicherung in kleine Schäden birgt Risiken: da die Versicherung nach jedem regulierten Schaden den Vertrag kündigen kann, sollte wegen des Risikos einer Kündigung nicht jeder geringfügige Schaden gemeldet werden. Ohne Versicherungsschutz kann als Folge auch eine Kreditfinanzierung gekündigt werden. Das finanzielle Risiko ist an dieser Stelle nicht kalkulierbar. Rückstellungen in Höhe von 1,5% - 3% helfen, Reinvestitionen in die Module ohne Versicherungsbeteiligung durchführen zu können.

5.2 Restwerte der PV-Komponenten

Laut EEG 2014 § 51 Abs. 4 (10) dürfen Anlagenteile erneuert (repowert) und die ausgetauschten gebrauchten

Anlagenteile veräußert werden (kein Handelsverbot für diese Komponenten im EEG).

Dazu gibt es Folgendes zu beachten
- Da der Verkauf von Gebrauchtteilen aus einer PV-Anlage den Ersatz und die Neuanschaffung voraussetzt, kann dieser Punkt der Restwerte nicht wertmitbestimmend in eine Wertberechnung einfließen. Etwaige Erlöse aus Altteilen werden in die Ersatzbeschaffung reinvestiert, um den weiteren PV-Betrieb sicher zu stellen.
- Die Anlage sollte nicht als Ganzes verkauft werden, weil an sie die EEG-Vergütung aus dem Inbetriebnahmejahr gekoppelt ist. Geschieht dies trotzdem, wird auch die Einspeisevergütung mit als Betriebsveräußerung im Ganzen verkauft (11).
- Die Frage nach dem Restwert der Materialien ist zudem heute nicht zu beantworten, sie ist eine theoretische Betrachtung. Erst bei einem tatsächlichen Verkauf von einzelnen PV-Komponenten lässt sich der dann zu erzielende Wert tagesaktuell feststellen, wie das auch bei Wertpapieren und Aktien der Fall ist. Dem handelsrechtlichen **Realisationsprinzip** muss somit in der Wertermittlung Rechnung getragen werden, wonach Gewinne erst nach der tatsächlichen Realisierung bewertet werden dürfen (12).
- Der Aspekt der Anlagenrestwerte kommt in einer Nutzwertanalyse zum Tragen und kann an entsprechender Stelle in die Wertermittlung mit einfliessen (Punkt 8.5).

5.2.1 Restwert gebrauchter Module

Module aus der Periode bis EEG 2012 haben einen Restwert von ca. 20 €/Modul, je nach Zustand: Verschmutzungen, gelbe Folien, durchgebrannte Lötkontakte oder „Snake Trails" (Schneckenspuren) wie auch Zellbrüche und Microcracks, welche nur per Lumineszensmessung (eine technische Form der Dunkelfotografie) sichtbar gemacht werden können, mindern zudem den Restwert unter 20 €.

5.2.2 Restwert gebrauchter Wechselrichter

Die vielen Wechselrichter, die vor 2011 installiert wurden, können mit einem Restwert von ca. 25 €/kWp angesetzt werden. Dieser Betrag fußt auf aktuellen Zweitmarktpreisen der Gebrauchtbörse „SecondSol", „Ebay" und dem Zwischenhändler „Solarpark Rodenäs".

Seit 2011 sind neue technische Vorgaben und Normen einzuhalten, welche die Altgeräte im Wert stark mindern (Anlagenrichtlinie für Niederspannung AR-N4105): Geräte vor 2011 können selten die Auflagen der Kompensation und der 50,2 Hz-Problematik erfüllen.

www.wikipedia.org/netzfrequenz

5.2.3   Restwerte von Kabeln und der Unterkonstruktion

Restwerte für Metalle in einer PV-Anlage orientieren sich am aktuellen Kilopreis für Altmetalle beim Recycling-Center/Wertstoffhof. In der Folge sind erfahrungsgemäß die erzielbaren Summen vernachlässigbar; die Einnahmen müssen gegengerechnet werden mit dem Aufwand für die Demontage und dem Transport, was die Erträge relativiert.

6 Betriebsausgaben 1 – Laufende Betriebskosten

Die folgend aufgelisteten Betriebsausgaben sind essentiell mit dem PV-Betrieb verknüpft. Ohne diese kann der prognostizierte EEG-Umsatz aus dem Punkt 5.1 nicht erzielt werden.

6.1 Versicherungen

Um den PV-Einspeisebetrieb aufrecht zu erhalten und elementares Schadenrisiko des Betreibers zu minimieren, ist es nötig, entsprechende Versicherungen für die PV-Anlage abzuschließen und zu unterhalten.

6.1.1 Elektronikversicherung

Die Elektronikversicherung (auch genannt PV-Vollkasko, Allgefahren-, Ausschlussversicherung) ist notwendig, um Schäden an der Anlage von Außen abzusichern. Darunter fallen alle Wettereinflüsse wie

- Blitzschlag
- Sturmschäden
- Wasserschaden
- Vandalismus
- Diebstahl etc.

Meist ist auch eine Betriebsunterbrechung bis maximal 1 Jahr mit inkludiert. Nicht eingeschlossen sind in der Regel

- Schäden aus Kernkraft
- Erdbeben
- inneren Unruhen/Krieg
- Pfändung des Betreiber u.a.

Überprüfungen des Versicherungsschutzes zählen zu den jährlichen kaufmännischen Betriebsführungspflichten: z. B. geänderte AGBs, Existenz der Gesellschaft

6.1.2   Betriebshaftpflichtversicherung

Eine Betriebshaftpflichtversicherung (BHV) dient zur Absicherung von Schadenansprüchen Dritter (Sturmschaden gegenüber Dritten, Dachundichtigkeiten an gepachteten Dächern, Brand und Sach- bzw. Verletzungsrisiko gegenüber Dritten wie z.B. Verletzte beim Feuerwehreinsatz bei Brand etc.).

Sollte eine der beiden genannten Versicherungsarten nicht abgeschlossen oder durch Kündigung nicht mehr wirksam sein, erwachsen daraus existentielle Risiken für den Betreiber: für alle Schäden an oder durch die Anlage ist dieser im Außenverhältnis verantwortlich.

Eine Bewertung in dem Punkt „Versicherungen" erfolgt ohne Rücksicht auf künftig mögliche Erhöhung der Prämie und ohne etwaige Einschränkungen künftiger Versicherungsleistungen. Die Versicherungssteuer (derzeit 19%) ist nicht wie die USt. abzugsfähig, sie wirkt jedoch als Betriebsausgabe im Jahresergebnis gewinnmindernd.

6.2 Digitale Überwachung (Monitoring)

Um den EEG-Ertrag aus der PV-Anlage zu sichern, ist ein störungsfreier Betrieb des Solarsystems notwendig. Dafür lässt sich eine PV-Anlage mit einem „Frühwarnsystem" ausstatten. Technisch geschieht dies mit Hilfe von Datenloggern in etwa der Größe eines halben Schuhkartons, die sowohl defektbedingte Betriebsunterbrechung wie auch den täglichen Ertragsstand der Anlage auf mehrere Arten melden. Sie führen z.B. ein elektronisches Fehlerprotokoll, reagieren bei Abschaltung der Anlage mit einer Fehlermeldung an den Betreiber/eine Wartungsfirma und speichern die Tages-, Monats- und Jahreserträge. Dafür können vom Hersteller der Hardware Internet-Portalkosten anfallen, die aber als Sicherung des PV-Investments Betriebsausgaben und vom EEG-Umsatz abzuziehen sind.

KOSTEN FÜR DAS NETZWERK

Datenlogger brauchen für die Meldung von Betriebsunterbrechungen und den täglichen Ertragswerten einen Router mit Internet-Anbindung, was Kosten von Netzanbietern/Telekommunikation erzeugt. Auch dieser dient rein dem Solarbetrieb und ist als Betriebsausgabe ebenso vom EEG-Umsatz abzuziehen.

6.3　Finanzbuchhaltung (FiBu) und Steuerberatung

Da es sich beim Investment in PV-Anlagen, wegen der Höhe der EEG-Vergütung speziell für Inbetriebnahmen bis 2012, meist um gewerbliche Einnahmen aus PV-Betrieb handelt, ist eine regelmäßige Buchführung gemäß den Grundsätzen ordnungsgemäßer Buchführung nötig (13). Dies beinhaltet die monatliche/vierteljährliche/(auf Antrag) jährliche Umsatzsteuererklärung, den Jahresabschluss mit den Gestaltungsmöglichkeiten (Rückstellungen, Ersatzinvestitionen, IAB, Sonderabschreibung) und Steuerberatungskosten. Diese Kosten sind vom EEG-Umsatz abzuziehen, da ohne sie der gewerbliche PV-Betrieb nicht möglich ist.

6.4　Energieversorgung (EVU)

PV-Anlagen verursachen Stromkosten. Vor allem in den Wintermonaten, aber auch an verregneten (Niesel-)Tagen versuchen PV-Wechselrichter in kurzen Minutenabständen, auf das Netz aufzuschalten und bereits geringe Energiemengen aus der PV-Anlage abzuführen. Wegen der mangelnden Sonnenkraft bricht diese Netzverbindung jedoch oft wieder ein, weil die Leistung für die Netzaufkopplung zu gering ist. Wechselrichter belasten in diesen kurzzeitigen Momenten der Netzaufschaltung das Stromnetz und dies verursacht meßbare Stromkosten. Mit entsprechenden Zweirichtungs-Zählern oder den immer häufiger installierten elektronischen Zählern ist dieser Strombezug messbar und wird dadurch vom Energieversorger abgerechnet. Dies kann auch mit dem Argument des „nötigen Betriebsstroms" nicht entkräftet werden. Zu diesen EVU-Kosten kommt die Zählermiete mit dazu, falls der Zähler nicht kundeneigen ist. Die Zählermiete beträgt pauschal ab 120 €/Jahr (incl. Messkosten).

6.5   Technische Wiederholungsprüfungen

Wiederholungsprüfungen sind als betrieblicher Aufwand Betriebsausgaben und von den Erträgen aus der in Punkt 5.1 ermittelten EEG-Vergütung abzuziehen. Je nach Umfang sind pro Intervall rund 10 €/kWp zuzüglich Spesen und Erstellen des Prüfprotokolls anzusetzen – wobei die Überprüfung noch nicht die Reparatur von Defekten beinhaltet, die nur selten bei Versicherung oder Lieferanten reklamiert werden können. Reparaturen, die nicht dem Versicherungsschutz oder einer Herstellergarantie unterliegen, sind vom Betreiber zu bezahlen und hier handelt es sich in der Regel um alterungsbedingten Verschleiß. Alterung gilt als Versicherungsausschluss und Verjährung gegenüber Lieferanten und Installateuren. Daher erfolgt hier für die Wertermittling eine pauschale

Minderung in Höhe von 1,5% - 3%, wie in Punkt 5.1.2 beschrieben.

6.6 Reinigung der Module

Um die Einspeisevergütung bis zum Ende des EEG-Vertrags wie in Punkt 5.1 hochgerechnet zu sichern, ist es angezeigt, die PV-Module in angemessenen Intervallen von längstens fünf Jahren professionell reinigen zu lassen. Durch Ablagerungen aus der Umgebung wie z.B. durch Kamine verschmutzen die Glasscheiben der Module mit dem ungünstigen Effekt, dass die solare Stromproduktion teils merklich gedrosselt wird. Der jährliche Verlust kann in den zweistelligen Prozentbereich reichen und die Ausgaben für die Reinigung sind daher für die Aufrechterhaltung des PV-Betriebs notwendig.

Diese Dienstleistung wird auf dem Markt zu einem Preis ab 10 €/kWp zuzüglich An-/ Abfahrt (ab 100 €) berechnet, diese Ausgaben sind PV-größenabhängig.

6.7 Kreditzinsen (bei Finanzierung)

Da die (nationale) „Energiewende" überwiegend über Kredite fremdfinanziert ist, sind die grünen Investments nur durch Fremdmittel zuzüglich Zinsen realisierbar. Der Zinsbetrag bestimmt sich aus

- der Finanzierungssumme

- dem Zinssatz
- der Laufzeit der Finanzierung
- Nebenkosten: Disagio und Bearbeitungsgebühr

Er soll sich selbst aus dem EEG-Erlös der PV-Anlage generieren und ist daher vom gesamten EEG-Umsatz abzuziehen.

In einer wertermittelnden Zinsbetrachtung nicht mit eingerechnet sind kalkulatorische Zinsen für das eingesetzte Eigenkapital und Opportunitätskosten: welches Investment kann ein Betreiber sonst noch mit Geld ausstatten und ist mit einer PV-Anlage vergleichbar?

6.8   Dachpacht

Befindet sich eine PV-Anlage auf dem eigenen Dach des Betreibers, werden Betriebsausgaben für die Dachpacht nicht weiter beachtet. Dies ist bei Fremddächern zur solaren Nutzung nicht möglich: ohne die Pacht eines für Photovoltaik geeigneten Daches ist der Betrieb der Solaranlage nicht realisierbar. Die Kosten für die Pacht wirken sich daher wertmindernd in einer Wertermittlung aus.

7   Betriebsausgaben 2 – Rückstellungen

Rückstellungen sind gewinnmindernde Vorwegnahmen zukünftiger Betriebsausgaben und sind nur mit der Anschaffung sogenannter beweglicher Wirtschaftsgüter möglich. Rückstellungen können z.B. nicht für Immobilien, auber auch nicht für „nicht selbständig nutzbare Gegenstände des Betriebsvermögens" gebildet werden. Diese wären z.B. Zubehör für den Drucker oder eine Anhängekupplung beim PKW - diese funktionieren nur in Verbindung mit dem „Hauptgerät". Für diese kann keine Rückstellung mit allen damit verbundenen Vorteilen wie IAB und Sonder-AfA gebildet werden (siehe Punkt 3.3).

AUFLÖSUNG DER RÜCKSTELLUNG

Sie werden spätestens am Ende der Betriebszeit aufgelöst, meist jedoch innerhalb von drei Abrechnungsperioden. Der rückgestellte Betrag fließt dann entweder dem Anlagevermögen wieder zu (Auflösung der Rückstellung zuzüglich aktuell 6% Verzinsung an das Finanzamt) oder wird in die geplanten betrieblichen Maßnahmen investiert, z.B. um Vorgaben in PV-Pachtverträgen zu erfüllen (Rückbau der Anlage, Recyclingkosten, Wiederherstellung der ursprünglichen Dachbeschaffenheit als einer der Allgemeinposten für PV-Rückstellungen).

AUSWIRKUNG AUF ERTRAGSSTEUERN

Rückstellungen und Ersatzinvestition können monetäre Vorteile in der Gewinnermittlung beim Jahresabschluss mit sich bringen: Reparaturen werden in voller Höhe als gewinnmindernder Aufwand im Jahr des Austausches gebucht. Diese PV-Ausgaben reduzieren den Gewinn im Jahresergebnis des Betreibers und um diese Summe bezahlt er weniger Ertragssteuern. Eine Rückstellung mit Bildung von IAB und Sonderabschreibung ist für diese Art PV-Reparaturen nicht möglich. Da die steuerliche Betrachtung jedoch jedes Jahr neu zu machen ist und einem Steuerberater obliegt, kann dieser Punkt in einer Wertermittlung erst nach Rückmeldung des Steuerberaters erfolgen.

7.1   Betrachtung zu PV-Rückstellungen

Anlagenteile werden physikalisch bedingt durch verschiedene Einflüsse geschwächt und über die Betriebszeit gar ausfallen. Daher ist zu einer Wertermittlung auch ein technisches Gutachten nötig, um diese Rückstellungen für Reparaturen im Einzelnen bestimmen zu können. Dies verursacht ebenfalls Betriebsausgaben.

Die Schadenshäufigkeit betrifft primär die Wechselrichter (WR), die eine Lebenserwartung laut „Badewannenkurve" von ca. 10-12 Jahren haben (14). Viele Geräte werden zwar ein höheres Betriebsalter erreichen können, etliche hingegen nicht.

Es können auch Module ausfallen, statische Probleme mit der Unterkonstruktion auftreten (wegen zunehmender schwerer Wetteranomalien oder durch Errichtung nach der alten Norm DIN 1055) und auch die Verkabelung kann durch Nagetierverbiss oder Alterung/Isolationsbruch des Kabelmantels durch UV-Strahlung etc. die Isolationskraft verlieren und der betreffende WR (zu dem das defekte Kabel führt) schaltet bis zur Behebung des Problems ab. Dieser Schaden kann bis zum Kompletttausch der Kabelbäume reichen, was wegen der Zugänglichkeit die Demontage der kompletten Anlage nötig machen würde.

Diese Betriebsbeeinträchtigungen werden wegen gegebenenfalls fehlender oder falsch programmierter Datenlogger weder zwingend sofort bemerkt noch sofort repariert werden können. Dies geht immer einher mit Ertragsverlusten, die ebenfalls von der erwarteten Einspeisevergütung unter Punkt 5.1 abgezogen werden müssen.

Zudem gelten aus Sicht der Elektronikversicherung nicht wenige Anlagenausfälle als technischer Verschleiß und sind daher von Versicherungsleistungen ausgeschlossen. Dies ist das unternehmerische Risiko für einen PV-Betreiber: er muss für bestimmte Kosten selber aufkommen und je nach Gesellschaftsform mit seinem gesamten

(Betriebs)Vermögen haften (z.B. als Einzelfirma, GbR oder OHG und andere Konstellationen).

7.2 Rückstellung für Wechselrichter

Für die Neuanschaffung von Wechselrichtern nach ca. 10-12 Betriebsjahren empfiehlt sich eine steuerliche Rückstellung in Höhe von 50 € netto pro Gerät und Betriebsjahr.

Ein Tausch von Wechselrichtern gebietet sich übrigens nicht erst bei dessen Ausfall, sondern bereits vorher zu Zwecken der Betriebsoptimierung und Erhöhung der EEG-Vergütung: Neue Wechselrichter haben meist höhere Wirkungsgrade als die Vorgängergeneration und in der Folge eine leicht höhere EEG-Einspeisung, neue Gewährleistungen und Garantien vom Hersteller, verfügen über erweiterte Sicherheitstechniken (Überspannungsschutz „SPD"), aktuelle Netzwerktechnik für die Anlagenüberwachung und höhere Toleranzen gegenüber Netzschwankungen (dies führt zu stabilerem Einspeisebetrieb). Daher ist die Ersatzinvestition eines neuen Gerätes der Reparatur des defekten vorzuziehen und ist auch unabhängig von Defekten ab der Betriebshalbzeit ca. im 10. Jahr ratsam. Der Austausch erfolgt dann kontrolliert (und nicht hektisch bei Defekt) und hilft, drohende alterungsbedingte Ausfälle zu vermeiden. Er ist bei schlechtem Wetter durchzuführen, um ertragsstarke Sonnenstunden trotzdem zu ernten.

GARANTIEN FÜR WECHSELRICHTER

Viele Hersteller von Wechselrichtern gewähren eine 5-jährige freiwillige Garantie (Verlängerung optional zu kaufen). In dieser Garantiezeit werden in der Regel defekte Geräte auf Kulanz kostenlos getauscht, nicht aber die Ausfallverluste während dieses Vorgangs und der Transport für das Tauschgerät. Ab dem 6. Betriebsjahr sind die meisten WR-Ausfälle hingegen vom Betreiber zu bezahlen, falls er keine Garantieverlängerung erworben hat oder wenn es sich um einen Versicherungsschaden handelt. Dies ist z.B. der häufig vorkommende Überspannungsschaden durch Blitzeinschlag aus der Netzseite - dieser muss zur Wahrung von Ansprüchen wiederum innerhalb weniger Tage bei der Versicherung gemeldet werden.

KOSTEN FÜR NEUE WECHSELRICHTER

Ein neuer Wechselrichter kostet mit Installation rund 200 €/kWp zzügl. Montage (Stand 2018). Da es aus technischer Sicht jedoch unwahrscheinlich ist, dass alle Geräte einer Anlage sofort nach Garantieende im 6. Betriebsjahr wegen Fertigungsdefekten einen Totalschaden erleiden, können sukzessive mit den Rückstellungen von 50 € pro Gerät und Jahr Neugeräte angeschafft werden. Dies erhöht die Sonnenernte und die Betriebssicherheit des PV-Anlagevermögens wegen neuer Garantien.

7.3   Rückstellung für Moduldefekte

Bei nicht versichertem Moduldefekt bleibt nur der Austausch auf eigene Kosten. Dies kann verursacht sein durch Glasbruch aus verschiedenen Gründen und verschiedenartige Hersteller-/Produktionsfehler bei gleichzeitiger Herstellerinsolvenz, die seit 2012 die Marktwahrnehmung bestimmt. Zu bedenken ist bei einem Versicherungsschaden die Selbstbeteiligung bei Versicherungsleistungen, die manche Reklamation wirkungslos macht, weil die Mindestschadenssumme nicht erreicht wird: Module haben heute einen Neupreis mit Montage von rund 200 €, mit dem Selbstbehalt von mindestens 150 € beteiligt sich die Versicherung an einem Modulschaden in diesem Beispiel mit 50 €. Der Vorgang jedoch schwächt die Stellung gegenüber dem Versicherungsgeber, eine existenzgefährdende Kündigung seinerseits ist mit jedem gemeldeten Schaden möglich.

Da nicht selten auch die Unterkonstruktion und Wechselrichter samt Verkabelung bei einem Modultausch mit angepasst werden müssen, ist die Wertermittlung in diesem Punkt nur als Richtwert zu betrachten, eine Schätzung.

Alle möglichen Wertminderungen der Module werden im pauschalen EEG-Umsatzabzug von 5% abgebildet (Punkt 5.1.1). Auch ein physikalisch bedingter und im technischen Datenblatt der Module benannter Leistungsschwund ist daher als solcher nicht eigens mit einer Wertminderung zu belegen, sondern wird in diesem pauschalen EEG-Abzug berücksichtigt.

7.4   Rückstellung für Rückbau/Recycling nach Betriebsende

Die Demontage der PV-Anlage wird irgendwann ein Aspekt in der Betriebsführung sein. Ob nach Ende der EEG-Laufzeit gemäß EEG nach 20 Betriebsjahren (15), wegen ohnehin dann schon möglicher großflächiger Defekte in der Anlage oder nach dem geschätzten physikalischen Ende nach rund 35 Betriebsjahren, wird eine PV-Anlage zu größeren Teilen demontiert und erneuert/recycelt. Der Rückbau, das Recycling und die Wiederherstellung des Daches müssen als Rückstellung in die steuerliche Betrachtung mit einfließen und mindern den Gewinn aus dem EEG-Umsatz im Punkt 5.1.1.

DIE RÜCKSTELLUNGEN FÜR DIE DEMONTAGE BEINHALTEN:

- die Abbaukosten samt Gerüst und Versicherung für die Montage und den Transport (250 €/kWp)
- das Zwischenlager und den Abtransport (Speditionskosten pro Tag von ca. 400 €, je nach Menge des Materials)
- Gebühren für Recycling (sie sind heute definitiv nicht zu beziffern, sondern nur zu schätzen und sollen die Restwerte aus Altmetall und Elektronik berücksichtigen)

die Wiederherstellung des Daches. Der tatsächliche Umfang der Beschädigung durch den Abbau (Löcher in der Dachhaut durch Haken, Ziegeltausch, Reinigung der Dachrinne etc.) kann im Vorfeld nicht exakt bestimmt werden.

Diese Kosten können oft nicht prozentual umgelegt werden. Einige davon sind Fixkosten und nicht größenabhängig von der installierten PV-Leistung.

7.5   Rückstellung für Steuern

Es empfiehlt sich, Rückstellungen vom Steuerberater berechnen zu lassen. Sie haben eine gewinnmindernde Wirkung in der Einkommen-/Körperschaftsteuer des Betreibers. Es kommen somit zur Einspeisevergütung noch zusätzliche monetäre Vorteile hinzu, die jedoch in der Gesamtbetrachtung der Einkommen-/Körperschaftsteuer jährlich schwanken und dadurch in Renditeberechnungen wie auch in einer Wertermittlung keine verlässlichen Auswirkungen haben können.

Andererseits können die Erlöse aus der EEG-Anlage umgekehrt auch negative Auswirkungen auf die Einkommensteuer haben: ein Gewinn aus Gewerbebetrieb kann zur Erhöhung des persönlichen Steuersatzes führen. Die steuerliche Betrachtung der Auswirkungen von Rückstellungen wird hier nicht im Detail berücksichtigt und kann an dieser Stelle keinen allgemeinen Richtlinien folgen. Sie ist eine Individualbetrachtung.

SCHENKUNG

Eine als mögliche Schenkung an einen Nachbesitzer oder Verpächter des Daches einzustufende Konstellation muss juristisch und steuerlich geprüft werden. Auch eine Schenkung braucht eine kostenpflichtige Bewertung der PV-Anlage und kann eine Steuerschuld auslösen. Dieser Punkt ist denkbar bei Überlassen der Anlage nach 20 Betriebsjahren an den Verpächter einer Dachfläche.

7.6 Rückstellung für Sonderausgaben und Wagnisse

Muss z.B. ein Rechtsbeistand für die Klärung von Interessen des PV-Betriebs herangezogen werden, um entweder finanziellen Schaden vom Betrieb abzuwenden oder Interessen des PV-Betriebs durchzusetzen, sind auch diese als Sonderausgaben vom hochgerechneten EEG-Gesamtumsatz abzuziehen.

URSACHEN FÜR WAGNISSE

- Streitigkeiten beziehen sich auf Unstimmigkeiten mit dem Verpächter oder auch mit dem Verteilnetzbetreiber (z.B. falsche Abrechnung durch mögliche Zählerdefekte).

- Ebenso können Schadensersatzansprüche gegenüber PV-Servicepersonal juristische Schritte nach sich ziehen (neue Defekte nach Wartungsarbeiten).
- Eine Finanzierung in Schweizer Franken stellt sich heute als verlustbehaftete Betriebsentscheidung und als nicht kalkulierbares Wagnis heraus.
- Die Anschaffung von Wechselrichtern ohne Reputation (z.B. nicht zertifizierte Ware aus Fernost) kann durch fehlende Reklamationsmöglichkeiten bei Schadensfällen zu außerplanmäßigen finanziell belastenden Reinvestition führen.

Sonderausgaben lassen sich zum heutigen Tage der Bewertung nicht beziffern, sie wirken sich aber im Jahr des tatsächlich eintreffenden Schadensfalls wertmindernd auf den ermittelten 20-jährigen EEG-Umsatz im Punkt 5.1 aus.

8.   Wertermittlung und Nutzwertanalyse am Beispiel

8.1   Das Beispiel PV-Anlage „Julbach"

Für die praktische Veranschaulichung soll folgendes Beispiel dienen. Der Lesbarkeit wegen sind – bis auf die EEG-Vergütungssätze – die Berechnungen auf die Zehnerstelle gerundet.

Der Landwirt Hans Meierhuber aus Julbach möchte im Januar 2017 im Zuge des Scheidungsverfahrens von seiner Frau ermittelt haben, welchen Wert die gemeinsame PV-Anlage mit der elektrischen Leistung von 29,9 kWp vom März 2008 in der Berechnung des Zugewinns hat. Die Einspeisevergütung beträgt gemäß EEG und Inbetriebnahmejahr 0,4675 €/kWh. Er möchte die Anlage gerne behalten und macht seiner Frau das Angebot, die Hälfte des Verkehrswertes aus einem Wertgutachten an sie zu bezahlen.

Die letzten acht Jahresabrechnungen seines Verteilnetzbetreibers (VNB) Bayernwerk Eggenfelden zeigen eine durchschnittliche jährliche Einspeiseleistung von 28.850 kWh (dies entspricht 965 kWh/kWp). Der Umsatz beträgt demnach 13.490 € netto pro Jahr. Aus Gesprächen mit seinen Nachbarn weiß er, dass seine Anlage im Verhältnis zu wenig Leistung einspeist. Die Schwankun-

gen in der Solarstromproduktion über die Jahre betragen bis zu 15%.

Laut Herrn Meierhuber kommt die Verschmutzung durch seine Landwirtschaft als Leistungsminderung noch hinzu. Bisher hat er erst einmal seine PV-Anlage reinigen lassen. Diese Maßnahme habe im entsprechenden Jahr den Ertrag merklich erhöht. Wegen Zeitmangels kann er sich aber nicht immer um die Betriebsführung kümmern.

Einen Datenlogger für die Überwachung besitzt seine Anlage nicht. Die Wechselrichter sind nicht mit einer Datenschnittstelle (RS 485, USB…) ausgestattet. Die Nachrüstung hat er bisher aus Kostengründen nicht beauftragt. Er sei bezüglich der Überwachung ohnehin meistens selber vor Ort, obwohl er den einen Blitzschaden damals fünf Tage lang nicht bemerkt habe: zwei seiner sechs Wechselrichter mit je 5 kW Leistung waren danach kaputt.

Der Energieversorger E.on Deutschland GmbH schickt ihm jährlich eine Rechnung für Zählermiete und Stromlieferung von 120 €.

Die Anlage ist über einen damals günstigen Kredit (3,8%) von der landwirtschaftlichen Rentenbank bereits getilgt. Die Bank verlangte 2008 bei Kreditabschluss den Abschluss einer Elektronik- und Betriebshaftpflichtversicherung, die er heute noch unterhält. Die Prämien für beide Absicherungen betragen pro Jahr je 5 €/kWp inkl. Versicherungssteuer.

Die Rechnung für die schlüsselfertige Anlage betrug rund 100.000 € netto. Reparaturen stehen seines Wissens nicht an.

Da Hans Meierhuber vorsteuerabzugsberechtigt ist (16), erstellt sein Steuerberater vierteljährlich die Umsatzsteuervoranmeldung für die PV-Anlage zusammen mit seinem landwirtschaftlichen Betrieb. Sein Berater meinte bereits vor geraumer Zeit, er sollte seine Landwirtschaft in eine KG umfunktionieren und mit dieser dann einen Dachpachtvertrag für seine PV-Anlage schließen. Herr Meierhuber hat sich aber noch nicht entschieden und will erst das Scheidungsverfahren abwarten.

8.2   Wertermittlung am Beispiel

Die folgende Beispielrechnung zeigt die Herleitung für eine Wertermittlung. Die Preise sind netto, ohne Umsatzsteuer. Sie sind auf die Zehnerstelle gerundet.

8.2.1   Einnahmen aus EEG-Vergütung

Das vorliegende 8-jährige Mittel aus den bisherigen Jahresabrechnungen des VNB Eggenfelden ergibt einen Nettoumsatz von rund 13.490 €/Jahr. Hochgerechnet bis zum Ende der EEG-Laufzeit generiert die Beispielanlage rund 161.880 € **netto Stromumsatz:**

13.490 €/a x 12 Jahre = **161.880 €**

8.2.2 Wetter-Pauschalabzug 5%

Um Wetterschwankungen und Stillstandzeiten der Anlage gemäß dem handelsrechtlichen Vorsichtsprinzip mit abzubilden, erfolgt ein pauschaler Abschlag von 5% auf das gesamte EEG-Ergebnis aus Punkt 8.2.1.
Der **EEG-Umsatz** wird nach dem Pauschalabzug von 5% mit **154.170 €** bewertet.

8.2.3 Einnahmen für die Restwerte von PV-Komponenten

Dieser Punkt erfolgt ohne Bewertung, da einzelne Komponenten noch nicht zum Verkauf stehen und die Ertüchtigung der Anlage noch nicht beabsichtigt ist. Die künftig möglichen Gewinne aus Veräußerung einzelner Anlagenkomponenten dürfen heute **nicht eingerechnet** werden.

8.2.4 Ausgaben für Versicherungen

Der Aufwand für die Versicherungen beträgt ohne Berücksichtigung etwaiger Prämienerhöhungen oder Leistungskürzungen bis EEG-Ende:
Elektronikversicherung:

150 €/a x 12 Jahre = 1.800 €

Betriebshaftpflichtversicherung:

150 €/a x 12 Jahre = 1.800 €

Versicherungen gesamt: **3.600 €**

8.2.5   Ausgaben für das Monitoring (Überwachung)

Herr Meierhuber hat keinen Datenlogger installiert. Die Kosten für Monitoring belaufen sich bis 2028 zum heutigen Stand auf: **0 €**

8.2.6   Ausgaben für Finanzbuchhaltung und Steuerberater

Die Kosten für die Finanzbuchhaltung betragen bis 2028:
FiBu ¼ jährlich: 4 x 75 € x 12 Jahre = 3.600 €
Jahresabschluss anteilig: 1.000 € x 12 Jahre = 12.000 €
Die gesamte **FiBu** bis 2028:   **15.600 €**

8.2.7   Ausgaben für Zählermiete und Energieversorgung

Die Ausgaben für das Energieversorgungsunternehmen betragen jährlich pauschal 120 €, gesamt   **1.440 €**

8.2.8   Ausgaben für technische Wiederholungsprüfungen

Die bisher nicht beauftragten Wiederholungsprüfungen schwächen die Position des Betreibers gegenüber Herstellern und Versicherungen. Wartungsprotokolle über den störungsfreien Betrieb der Anlage können nicht vorgelegt werden. Etwaige berechtigte Mangelrügen sind bereits verjährt.

Für die PV-Anlage in Julbach empfiehlt sich die Wiederholungsprüfung nach DGUV alle zwei Jahre. Die Kosten belaufen sich auf rund 10 €/kWp inklusive Spesen (Anfahrt, Erstellung des Protokolls). Im Beispiel Julbach sind das 300 €/netto pro Intervall: Wiederholungsprüfung à 300 € x 6 Intervalle   **1.800 €**

8.2.9 Reinigung der Module

10 €/kWp x 29,9 kWp = **300 €/Reinigung** x 6 Intervalle =

       1.800 €

8.2.10 Kreditzinsen

Die Bankzinsen betragen für das Investment: **0 €**

8.2.11 Die Dachpacht

Da die Verpachtung zwar angeregt, aber noch nicht umgesetzt ist, beträgt der Punkt Dachpacht: **0 €**

8.2.12 Rückstellung für den Austausch von Wechselrichter

Diese beträgt 50 €/Jahr netto pro Wechselrichter und Jahr - für die vergangenen acht Betriebsjahre beträgt die **Rückstellung** kumuliert: 2.400 €
Für die nächsten 12 Betriebsjahre kommt der zweite Betrag hinzu: 3.600 €

Es soll die gesamte Laufzeit mit der Rückstellung versehen werden, da bei Gerätetausch sie gesamte Summe zu Buche schlägt.

8.2.13 Rückstellung für Moduldefekte

Die Rückstellungen für Moduldefekte sind mit 1,5% des jährlichen EEG-Umsatzes pro Restjahr bis zum EEG-Ende gerechtfertigt.
Bei 29,9 kWp-Anlagenleistung beträgt dieser Rückstellungsbetrag für mögliche künftige **Moduldefekte** 200 €/Jahr, gesamt bis zum EEG-Ende: 2.400 €

Mit diesem Betrag lässt sich jährlich ein einzelner Moduldefekt gegen ein neues Modul inkl. Montage ohne Beteiligung der Versicherung ersetzen. Der für den Solarbetrieb wichtige Versicherungsschutz bleibt erhalten.

8.2.14 Rückstellung für Rückbau/Recycling nach Betriebsende

Die Rückbauarbeiten samt Recycling sind mit 250 €/kWp netto zu bewerten (Gerüst, Mannstunden, Transport etc.).
Für die PV-Anlage Julbach entspricht dies

$$250 \text{ €/kWp} \times 29{,}9 \text{ kWp} = 7.480 \text{ €}$$

8.2.15 Rückstellung für Sonderausgaben und Wagnisse

Herr Meierhuber hat in naher Zukunft lediglich die Umfirmierung in eine KG geplant, in deren Zug erhöhte Steuerberatungskosten und für die Rechtsberatung anfallen werden. Da ein Termin zur Umfirmierung noch nicht bekannt ist, ist eine Rückstellung für Sonderausgaben aktuell nicht zu berücksichtigen, sondern erst in dem Jahr der Realisierung.

8.2.16 Steuerlast

Nach Abzug aller Betriebsausgaben und gewinnmindernder Rückstellungen vom EEG-Umsatz bleibt der zu versteuernde Reingewinn aus dem PV-Betrieb. Dieser ist im Beispiel für das Jahr 2017 voraussichtlich wie die vergangenen Jahr mit 35% persönlichem Steuersatz des Betreibers zu versteuern. Diese Summe muss jedoch der Steuerberater rückmelden und erfolgt zum jetzigen Zeitpunkt noch ohne Bewertung.

8.3 Wertetabelle am Beispiel

I Betriebseinnahmen	Wert in € netto bis 12/2028	in % vom EEG-Umsatz
1. Umsatz aus EEG-Vergütung	161.880	100
2. pauschaler Wetter-Abzug von 5%	-7.710	5
3. Restwert von PV-Komponenten	0	
4. Eigennutzung von Solarstrom nach der EEG-Vertragszeit	0	
5. Abschreibung (AfA)	0	
6. Zwischensumme Betriebseinnahmen	**154.170**	**5**
II Betriebsausgaben I – laufende Kosten		
7. Versicherungen	-3.600	2,2
8. Monitoring	0	
9. FiBu und Steuerberatung	-15.600	9,6
10. Zählermiete, Energieversorgung	-1.320	0,8
11. Wiederholungsprüfungen	-1.800	1,1
12. Reinigen der Module	-1.800	1,1
13. Kreditzinsen	0	
14. Dachpacht	0	
15. Zwischensumme Betriebsausgaben	**-22.800**	**14,8**
III Betriebsausgaben II – Rückstellungen		
16. Austausch WR	-6.000	3,7
17. Moduldefekte	-2.400	1,5
18. Rückbau und Recycling	-7.480	4,6
19. (Steuern)	offen	
20. Sonderausgaben, Wagnisse	0	
21. Zwischensumme Rückstellungen (EBT)	**-15.880**	**9,8**

IV Anlagenwerte im Verhältnis zum EEG-Umsatz

22. Verkehrswert (EBT)	115.490	71
23. Verkehrswert mittels Barwertmethode (gerundet)	85.310	53

Tabelle 8.3-1: Wertermittlung am Beispiel „Julbach"

8.4 Ergebnis mittels Barwertmethode am Beispiel

Die Kapitalwertmethode beinhaltet die beiden Rechen-
methoden Barwert- und Endwertmethode. Sie gehört zu
den dynamischen Investitionsrechnungsverfahren, weil
sie den Zeitwert des Geldes, den Inflationsfaktor, berücksichtigt. Mit ihr lässt sich die Entwicklung von Kapital-
einsatz beschreiben. In einem Vergleich zu alternativen
Investments können mit ihr Entscheidungen getroffen
werden. Sie unterscheidet sich so von den statischen Ver-
fahren.

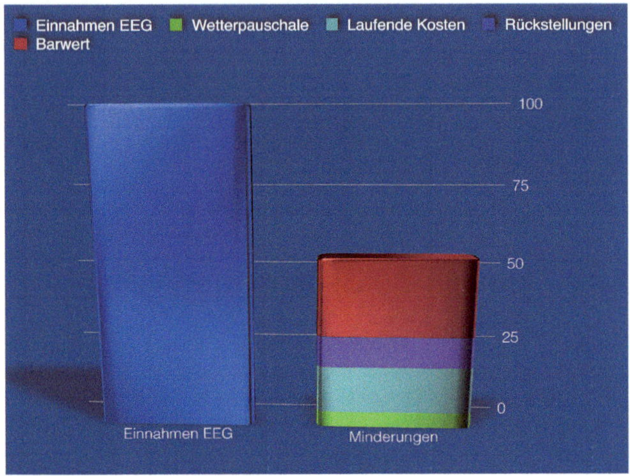

Grafik 8.1

BERECHNUNGSGRUNDLAGEN FÜR DIE BARWERTMETHODE

- der jährliche Abzinsungsfaktor: 5%
- der jährliche Zahlbetrag: 9.625 €
- die Laufzeit in Jahren: 12 Jahre

Für die Prämissen des Abzinsungsfaktors von 5%, des Zahlbetrags 115.500 € (gerundet) und einer Laufzeit von 12 verbleibenden Jahren der EEG-Vergütung ergibt sich folgendes tabellarisches Ergebnis als Grundlage für den Auszahlungsbetrag an die Ehefrau mittels der Barwertmethode, eine Detailrechnung.

Jahr	EEG-Gewinn in € vor Steuern (EBT)	Abzinsungsfaktor bei 5%	Barwert in €
1	9.625	0,952381	9.166,67
2	9.625	0,907029	8.730,15
3	9.625	0,863838	8.314,43
4	9.625	0,822702	7.918,51
5	9.625	0,783526	7.541,44
6	9.625	0,746215	7.182,32
7	9.625	0,710681	6.840,30
8	9.625	0,676839	6.514,58
9	9.625	0,644609	6.204,35
10	9.625	0,613913	5.908,91
11	9.625	0,584679	5.627,54
12	9.625	0,556837	5.359,56
kumuliert	115.500	0,738604	85.308,76

Tabelle 8.3-2: Detaillierte Barwertberechnung

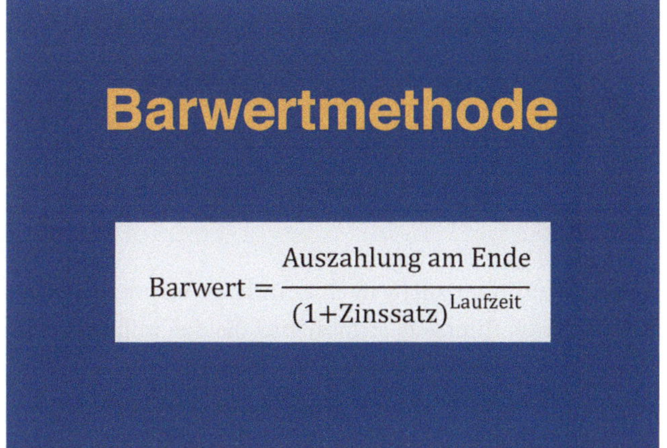

$$\text{Barwert} = \frac{\text{Auszahlung am Ende}}{(1+\text{Zinssatz})^{\text{Laufzeit}}}$$

Grafik 8.2

Die PV-Anlage von Herrn Meierhuber hat heute einen hochrechenbaren Wert von **115.500 €**. Hier sind alle bekannten Betriebsausgaben berücksichtigt. Zukünftige Ausgaben, wie z.B. die regelmäßige professionelle Reinigung der Anlage oder die Erweiterung um die Datenschnittstellen mit den künftigen Portalkosten für die Daten oder Unvorhergesehenes/Risiko bleiben unberücksichtigt. Die Hälfte dieses Wertes will er nach Berechnung über die Barwertmethode seiner Frau übertragen. Der Barwert beträgt **85.300 €** (gerundet). Die Ehefrau erhält somit die Hälfte des Betrags, rund **42.650 €**. Von diesem Betrag wird ihr Anteil an der Einkommensteuer zusätzlich abgezogen, sie muss diese Summe versteuern.

8.5   Nutzwertanalyse

Nutzwertanalysen werden oft im alltäglichen Leben angestellt: dort, wo eine Kaufentscheidung zur Bedarfsdeckung keinen monetären Argumenten folgt, wie dies überwiegend bei Luxusgütern wie Reisen und Stereoanlage der Fall ist. Eine Analyse mit persönlichen Kriterien gehen dem Kauf meist voraus.

Frau Meierhuber sucht nach dem Ergebnis der Wertermittlung nun ihrerseits Argumente, die den immateriellen Anlagenwert erhöhen können. Sie überlegt, eventuell selbst die Anlage ihrem Ehemann abzukaufen und führt folgende nichtmonetären Argumente für sich ins Feld, die ihr bei der Entscheidungsfindung helfen: die einzelnen Gewichtungen werden mit der entsprechenden Beurteilung multipliziert und ergeben so die Nutzwertsumme pro Aspekt.

Kriterien	Gewichtung von 1-10	Beurteilung 1-10	Wert
I. Ausschlusskriterien			
sofortiger Reparaturbedarf	10	0	0
gewünschter Kaufpreis ist höher als der Verkehrswert	10	0	0
Eigenkapital bei Finanzierung ist höher als 20%	10	0	0
Nutzwertsumme k.o.-Kriterien			0
II. Kriterien pro PV			
Autarkie und Selbstversorgung	9	9	81
Möglichkeit der Steuervorteile in der Zukunft	3	4	12
Umweltgedanke	6	5	30
Absicherung durch Wertanlage	10	6	60
Tankstelle für Elektromobilität	7	7	49
Kühlung der Räume unter PV-Dach	3	4	12
Nutzwertsumme pro PV			233
III. Kriterien contra PV			
Elektrosmog durch PV	7	7	49
Sondermüll bei Entsorgung	9	5	45
Unkalkulierbare Kosten bei Reparaturen	10	4	40
Unkenntnis der Materie	8	2	16
Unbekannte Risiken	5	5	25
Herstellerinsolvenz	3	4	12
Versicherungsschutz	2	5	10
Nutzwertsumme contra PV			197

Tabelle 8.3-3: Nutzwertanalyse in Tabellenform

AUSWERTUNG DER TABELLE 8.3.3

In der Tabelle ist klar ersichtlich, dass die Vorteile der Anlage für Frau Meierhuber überwiegen: die Nutzwertsumme „pro PV" ist mit einer Bewertung von **233** Punkten höher als die Bedenken „contra PV" mit **197** Punkten. Zudem kommen für Frau Meierhuber die Ausschlusskriterien nicht zum Tragen: sie erlebt seit 2008 den Betrieb der PV-Anlage als stabile Investition, wodurch sie die Risiken und die Kriterien contra PV als vernachlässigbar sieht. Aus diesem Grund wird sie ihrerseits dem Ehemann ein Übernahmeangebot für die PV-Anlage machen und ihm einen Dachpachtvertrag mit Eintragung einer Grunddienstbarkeit vorschlagen.

9. Fazit

Das Ergebnis der Wertermittlung für eine gebrauchte Photovoltaik-Anlage zeigt, dass der Umsatz aus der EEG-Vergütung nicht als ihr Reingewinn betrachtet werden darf. Es stehen die mit den Betriebsjahren steigenden Unterhaltskosten und technischen Risiken durch Alterung und Abnutzung den Einnahmen aus EEG-Vergütung als dem eigentlichen durch das EEG gesetzesgestützten Wert der Anlage gegenüber. Bei Auszahlung an Beteiligte ist zudem das Endergebnis über die Barwertmethode abzuzinsen, was den monetären Wert deutlich weiter mindert.

Die Betriebsausgaben unterliegen den Erfahrungswerten vergangener Betriebsabrechnungen und bieten wenig Spielraum für Reduzierung, sondern eher im Gegenteil: die Schadenanfälligkeit nimmt zu, Prämienerhöhungen der Versicherungen sind möglich und Herstellerinsolvenzen machen Garantien zunichte. Schäden und Reparaturen gehen zunehmend zu Lasten des Betreibers und sind in diesem Umfang in Renditeberechnungen nicht eingepreist.

Bei der Ermittlung des PV-Verkehrswertes sind besonders die technische Beurteilung und die steuerlichen Aspekte zum Zeitpunkt der Veräußerung zu beachten, sie spielen bezüglich der monetären Auswirkungen eine gewichtige Rolle. Diese Positionen müssen bei der Wertermittlung im Jahr des Verkaufs gesondert kritisch geprüft werden.

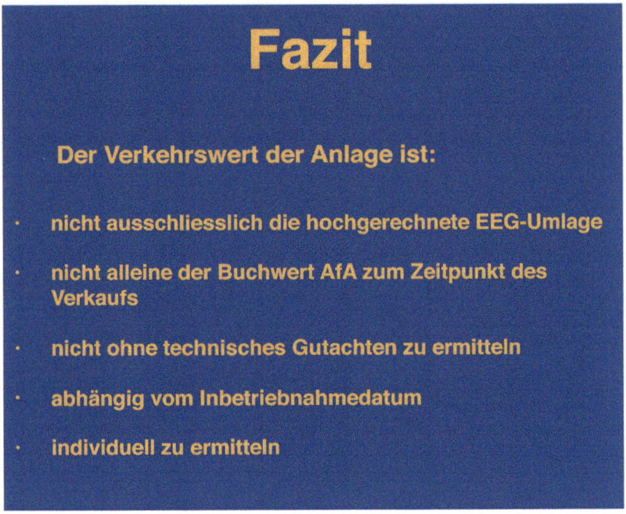

Fazit

Der Verkehrswert der Anlage ist:

- nicht ausschliesslich die hochgerechnete EEG-Umlage

- nicht alleine der Buchwert AfA zum Zeitpunkt des Verkaufs

- nicht ohne technisches Gutachten zu ermitteln

- abhängig vom Inbetriebnahmedatum

- individuell zu ermitteln

Grafik 9.1

10 Literaturverzeichnis und Quellenangaben

(1) Carsten Körnig, Geschäftsführer des Branchenverbandes BSW am 23.2.2012

(2) www.photovoltaikforum.com

(3) „Basel 3", Finanzierungsvorgaben der Bafin
https://de.wikipedia.org/wiki/Basel_III

(4) „Vertragsfreiheit" im Grundgesetz Artikel 2 Abs. 1

(5) www.milkthesun.de

(6) VDE Anwenderrichtlinie AR-N-4105, 2011

(7) „Mitverschulden" in BGB §254

(8) DIN EN 62446, VDE 0126-23-1: 2016-12

(9) Christian Dürschner, DGS Expertenforum Nürnberg, 30.3.2017

(10) „Repowern" EEG 2014 §51

(11) „Betriebsveräußerung im Ganzen" UStG §1a

(12) „Realisationsprinzip" HGB §252

(13) „Grundsätze ordnungsgemäßer Buchführung GoB" HGB §238

(14) Badewannenkurve,
https://de.wikipedia.org/wiki/Ausfallverteilung

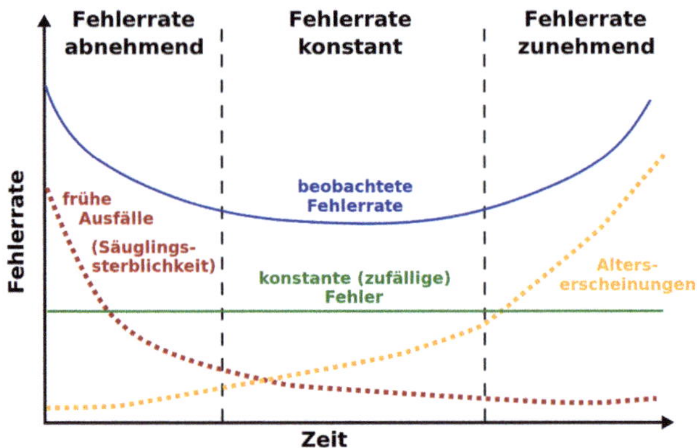

10.14: Badewannenkurve (www.wikipedia.org)

(15) „Laufzeit EEG-Vertrag" EEG 2000 §9 Abs. 1, Satz 1

(16) „Vorsteuerabzug" UStG §§15, 15a

Quellenangaben

- Das Erneuerbare Energien Gesetz (EEG, alle Fassungen)
- Umfrage zur Nachfrage von Wertermittlungen (Quelle: der Verfasser)
- Emanuel Saß, „Ratgeber Photovoltaik", BoD Verlag Norderstedt, 2017
- Prüfungsvorbereitung Formelsammlung DIHK, Bertelsmann 2012
- www.secondsol.de
- Solarpark Rodenäs, www.spr-energie.de
- www.ebay.de
- Norm DIN 1055-4/-5
- HGB § 377, Mängelrüge
- BGB
- Deutsche Gesellschaft für Sonnenenergie e.V. (DGS)
- VDE Normenreihe